博士论丛

旧住宅区改造的民意回归
——以上海为例

Regression of Inhabitant Aspiration in Residential District Renewal
——A Case Study in Shanghai as an Example

刘勇 著

中国建筑工业出版社

图书在版编目（CIP）数据

旧住宅区改造的民意回归——以上海为例/刘勇著. —北京：中国建筑工业出版社，2012.1
（博士论丛）
ISBN 978-7-112-13951-4

Ⅰ.①旧… Ⅱ.①刘… Ⅲ.①居住区-旧房改造 Ⅳ.①TU984.12

中国版本图书馆 CIP 数据核字（2012）第 006707 号

旧住宅区的更新改造一直是城市规划领域关注的一个重要问题。本书关注改造过程中的居民意愿，主要分为 5 章：第 1 章导论、第 2 章 1949 年以来的上海旧住宅区改造历程、第 3 章上海旧住宅区更新改造中的居民意愿、第 4 章居民意愿的影响因素、第 5 章旧住区改造的民意回归途径。

本书可供城市规划、建筑学等方向的从业人员以及相关的政府工作人员学习参考。

* * *

责任编辑：杨 虹 田立平
责任设计：董建平
责任校对：王誉欣 陈晶晶

博士论丛
旧住宅区改造的民意回归
——以上海为例
刘勇 著
*
中国建筑工业出版社出版、发行（北京西郊百万庄）
各地新华书店、建筑书店经销
霸州市顺浩图文科技发展有限公司制版
北京建筑工业印刷厂印刷
*
开本：787×1092 毫米 1/16 印张：11½ 字数：218 千字
2012 年 4 月第一版 2012 年 4 月第一次印刷
定价：**32.00** 元
ISBN 978-7-112-13951-4
（22002）

摘　要

旧住宅区的更新改造一直是城市规划领域关注的一个重要问题。本书关注改造过程中的居民意愿，主要着眼于三个方面：首先通过实证案例研究，检验上海市正在进行的旧住宅区更新改造在多大程度上体现了居民的意愿；其次通过理论推导和数据分析，找出旧住宅区更新改造当中影响居民意愿实现的因素；最后通过分析当前发展趋势、借鉴先进经验，探讨如何改进当前的综合改造方式，使得居民的意愿得到更加充分有效的表达。

关键词：旧住宅区；更新改造；居民；意愿

本项目受以下基金项目资助：

国家自然科学基金（项目批准号：51008187）

2008年度上海大学创新基金

上海高校选拔培养优秀青年教师科研专项基金（SHU08079）

Abstract

In the field of urban planning, old residential district renewal is always an essential issue. The report pays attention to inhabitants' aspiration in the residential district renewal in Shanghai. The main aim of the report can be divided into three aspects: the first aim is to check which degree the renewal has embodied the aspiration of the inhabitants by case studies; the second is to find out the facts affecting the achievements of the inhabitants' expectation during the renewal by theoretical derivation and data analysis; the third is to discuss how to improve the renewal so as to express the inhabitants' expectation fully and effectively by analysis of current trends and learning the advanced experience.

Keywords: Old Residential District; Renewal; Inhabitants; Aspiration

序　一

旧住宅区的更新改造是城市发展过程中需要持续关注的一个问题。进入21世纪，在“创建和谐社会”、“实现全面小康”的背景下，对民生的关注成为一个热点。相应的，对旧住宅区的改造，不仅包含对基本居住环境的改善，也相应承担提升居住品质的任务。居民是使用者，因此在改造过程中充分反映居民的意愿是非常必要的。那么，当前的工作是否充分体现了居民的意愿？还存在哪些不足？如何改进？刘勇同志这本书就是针对上述问题所进行的研究成果。

刘勇同志自1998年开始读我的硕士和博士，主要研究方向为住房与社区发展。读书期间参加了许多关于住区规划与改造的课题，2003年参与了上海市住宅发展局组织的《上海市旧住宅区综合改造技术导则（纲要）》的编制工作，积累了一些工作经验。难能可贵的是，在查阅大量国内外文献资料的同时，对上海市第一批综合改造小区进行了艰苦的社会调查，并组织了问卷调查，取得了大量第一手资料，对当前旧住宅区中存在的问题有了切身的体会和认识。因此，论文有血有肉，言之有物，提出的论点也较为切实具体。

论文从居民视角出发，对当前的改造方式进行了较为系统的批判性反思，指出当前的改造虽然有所改进，但仍然是先前方式的延续。重视外在物质空间的改善，缺乏对人的需求的切实关注。论文采取实证研究和理论研究相结合的方式，量化居民的满意度，并从制度层面找出影响居民意愿的深层次因素。同时，论文较为系统地提出了促进民意回归策略架构，既有空间规划对策，又有组织发展对策，还有促进利益表达机制方面的建议。此外，对当前改造中的细节如何改进也提出了较为可行的建议。论文对当前的具体改造工作以及今后类似的改造有着重要的参考价值。

城市规划应该切实地体现“以人为本”的宗旨，希望刘勇同志的这本书能够引发更多关于这方面的讨论和思考，更好地促进城市规划为人民服务。

王仲谷

2010年5月1日

序　二

我长期从事城市规划管理工作。刘勇在读博士生期间，曾向我收集相关资料，探讨相关问题，我们相识、相知，成了忘年交。

刘勇博士论文研究的课题引起了我很大的兴趣，一是因为旧住宅区改造是城市发展的重要命题，但系统性的研究不多见，尤其是博士生做这方面的研究更难能可贵。二是城市规划和建设贯彻以人为本的科学发展观要落到实处，判断和提高旧住宅区改造的效果，是住在这里的居民说了算。刘勇博士的论文从民意的角度审视旧住宅区的改造，抓住了问题的核心。由于所见略同，促进了我们之间的交流。

刘勇博士的论文，比较全面地阐述了国内外有关民意研究的理论和动态，简要回顾了上海旧住宅区改造的历史和现状，慎重选择了旧住宅区改造的案例，仔细设计了居民意见采集的项目，综合分析了居民意见的影响因素，在此基础上，提出了旧住宅区改造发展的对策。论文内容扎扎实实，一丝不苟，反映出作者务实、求实的研究作风，真可谓言不虚出，文以实佳。

根据论文出版要求，刘勇博士对论文进行了修改调整，简略了论文中的程式化部分，突显出论文两个鲜明的特点：其一，案例选择的典型性和民意采集的全面性。表面上看，这是一件实务性的工作，其实，案例是否典型决定了研究是否具有普遍意义。居民意见的全面、周到，才能捕捉到真切的民意，才能促进旧住宅区改造回归民意。这对于论文研究实现预期目的至关重要。其二，深入分析居民意见的影响因素。居民包括不同性别，不同年龄，不同文化背景的人群，他们各有不同的需求；居民的需求又随着经济社会的发展不断地扩大和提高。旧住宅区改造应当满足不同人群不断发展的需求，一旦这些需求得不到满足，就会产生各种意见。论文追根溯源，深入分析了居民意见的各方面影响因素，使人正确理解并充分认识民意，有的放矢，提出旧住宅区改造发展的对策，使旧住宅区改造真心实现以人为本，科学发展。城市规划是一门应用型的综合性学科，是一种政府行为。刘勇博士的论文，不论对于学科发展还是公共行政关注民生，都给予许多启迪。

耿毓修

2010 年 3 月 31 日

目　　录

第1章　导　　论

1.1　研究的背景

1.1.1　住宅建设的一般规律

住宅问题一直是城市规划领域关注的重要课题，也是城市政府所必须解决的一个难题。根据住宅发展的一般规律以及发达国家的经验，住宅建设一般经历以下三个阶段[1]：

第一阶段，城市化水平低于40%，人均国民生产总值低于1000美元，其人均居住面积低于8m^2，属于全面满足城市住宅数量需求时期，城市大规模新建住区，采用最低的居住基本标准——每户一套住房。

第二阶段，城市化水平在40%～70%，人均国民生产总值超过1000美元，其人均居住面积在8～15m^2，采用城市住房合理的居住标准——人均一间房。这一阶段是从注重住房数量积累转向数量与质量并重，从大量新建住区逐渐转向新建与改建旧有住区并重的时期。

第三阶段，城市化程度超过70%，人均国民生产总值超过1万美元，其人均居住面积超过15m^2。这是全面满足住房质量时期，采用的是舒适保健的城市住房居住标准——优化的居住环境和完善的住房设备，城市建设集中于对旧住宅区的更新、改造。

与世界各国人口老龄化社会发展趋势相似，一个国家的旧住宅占住宅总量的比例将随着该国城市化、工业化和经济发达程度的提高而增大。随着我国的城市住宅建设由规模数量型阶段向质量提高型阶段转变，旧住宅区持续有序的更新改善变得越来越重要。

1.1.2　上海旧住宅区改造现状

改善居住条件，提高居住水平，一直得到上海历届市委、市人民政府的高度重视。随着上海经济持续快速增长，上海的住宅建设也获得了空前的大发展。截至2003年年底，上海市共有各类住宅约3亿多m^2，人均居住面积

1　转引自：王晓鸣，李桂青．住宅老化机理与维修决策评价．武汉工业大学学报增刊，1998（9）：51-55.

从 1990 年代初的 6.6m^2 增加到 2003 年年底的 13.8m^2，上海人的居住水平有了较大幅度的提高[1]。

与此同时，根据上海市委、市人民政府有关工作要求，不断探索旧小区住宅改造的新路，上海市从 1999 年开始在全市范围内逐步开展了平改坡工程。2003 年年底，累计完成平改坡 5700 幢，总建筑面积约 1141 万 m^2，受惠居民约 19 万户。其中，实施变频供水改造，取消屋顶水箱 2245 个，受益居民 4.3 万户[2]。

在平改坡基础上发展的旧小区平改坡综合改造，将平改坡和房屋综合整治有机结合，通过“穿新衣、戴新帽、换内胆”，并结合环境整治、房屋整修和完善配套设施，增加住宅科技含量，提升旧小区的整体质量。2004 年，旧小区平改坡综合改造列入市政府实事工程，年内计划完成 30 个小区改造，目前实际完成 41 个旧小区平改坡综合改造项目，总建筑面积达 250 万 m^2，4.39 万户居民直接受益[3]。

应该说，目前正在推进的“旧小区平改坡综合改造”拉开了新世纪上海市旧住宅区改造的序幕[4]。并且上海市对旧住宅平改坡的做法在全国具有很强的示范意义，全国的特大城市基本上都在效仿上海的做法[5]。

1.1.3 当前国内的社会背景

20 世纪 90 年代以来，我国开始了社会结构和经济体制的转型，市场导向的改革打破了计划经济体制下形成的城市利益格局，在给城市注入生动活力的同时也导致城市社会不断分化，城市阶层开始出现。2001 年中国社科院发布《当代中国社会阶层研究报告》，对目前的社会阶层情况作了比较权威的论述，十大阶层出现[6]；各阶层之间的社会、经济、生活方式及利益认同的差异日益明晰化[7]。与之并存的是位于整个城市阶层中下层的中低收入

---

1 相关网页（查询日期：2005.08.21）：

http：//www.shfdz.gov.cn/common/doc_detail.jsp? id={69CB0C8C-A229-4750-B395-2BD6C3A2B242}.

2 相关网页（查询日期：2005.08.21）：

http：//www.shfdz.gov.cn/common/doc_detail.jsp? id={69CB0C8C-A229-4750-B395-2BD6C3A2B242}.

3 相关网页（查询日期：2005.08.21）：

http：//www.shfdz.gov.cn/common/doc_detail.jsp? id={69CB0C8C-A229-4750-B395-2BD6C3A2B242}.

4 同上。

5 在网上可以查到全国的特大城市在 2004 年几乎都在效仿上海的“平改坡”做法。

6 包括：国家与社会管理者阶层，经理人员阶层，私营企业主阶层，专业技术人员阶层，办事人员阶层，个体工商户阶层，商业服务人员阶层，产业工人阶层，农业劳动者阶层，城乡无业、失业、半失业人员阶层。

7 用以考察贫富差距及社会分化的指标为“基尼系数”。吴忠民在《中国现阶段贫富差距扩大的问题分析》中认为，近年来中国居民基尼系数的变化迅速提高，1996 年为 0.375，1997 年为 0.386，到 2000 年为 0.414。国际上通常将 0.4 作为社会分层严重警戒线，超过这一标准就意味着社会分配存在严重的不公。同一时期比较，美国为 0.41，英国为 0.37，印度为 0.297，俄罗斯为 0.48（吴忠民，2001）。

人群的一系列问题开始出现并迅速扩大。

由于长期以来我国实行广就业、低工资政策和城乡二元经济及管理体制，城市形成了几近均等的社会结构，位于社会结构中下层的相关问题不突出。而随着社会的转型，社会阶层的进一步分化，与中低收入群体相关的问题特别是弱势群体问题、城市贫困问题凸现，目前我国面临的此类问题十分复杂，不仅具有发展中国家的一般特征，而且带有明显的社会转型期的特殊性，已经对我国城市的外向扩张和内向发展产生了前所未有的冲击（苏勤等，2003）。

转型期出现的城市中低收入人口规模庞大，来源广泛，构成复杂，有劳动能力和劳动意愿的人口占绝大比重，具有明显的结构性特征（苏勤等，2003）。阶层的分化与空间的分化是相辅相成的，体现在空间上就是住宅区的分化，王颖（2002）将现有的城市社区分为五种类型，即传统街坊社区、单位公房社区、高收入商品房社区、中低收入商品房社区以及社会边缘化社区。商品房社区主要承载城市中高收入群体，中低收入群体主要集聚在其他三种类型的社区当中。作为在计划经济时代大量建设的单位公房社区，承载了大部分的中低收入群体，特别是低收入群体，这些旧住宅区的问题必将凸现出来。

1.1.4 当前国内制度环境的新动向

改革开放至今，中国的经济发展持续高速稳定发展，中国城市的面貌发生了翻天覆地的变化。同时，还应该看到，在经济和城市建设高速发展的同时，国内的制度环境在最近几年出现了一些新的动向。

1. 政治上提出“和谐社会”的概念

党的十六届四中全会在我们党的历史上第一次提出和阐述了“构建社会主义和谐社会”的科学论断。2005 年 2 月 19 日，中共中央举办的省部级主要领导干部提高构建社会主义和谐社会能力专题研讨班在中央党校开班。中共中央总书记、国家主席、中央军委主席胡锦涛在开班式上作了重要讲话，并提出构建“社会主义和谐社会”的任务。

胡锦涛指出，“实现社会和谐，建设美好社会，始终是人类孜孜以求的一个社会理想……我们所要建设的社会主义和谐社会，应该是民主法治、公平正义、诚信友爱、充满活力、安定有序、人与自然和谐相处的社会。民主法治，就是社会主义民主得到充分发扬，依法治国基本方略得到切实落实，各方面积极因素得到广泛调动；公平正义，就是社会各方面的利益关系得到妥善协调，人民内部矛盾和其他社会矛盾得到正确处理，社会公平和正义得到切实维护和实现；诚信友爱，就是全社会互帮互助、诚实守信，全体人民平等友爱、融洽相处；充满活力，就是能够使一切有利于社会进步的创造愿望得到尊重，创造活动得到支持，创造才能得到发挥，创造成果得到肯定；

安定有序，就是社会组织机制健全，社会管理完善，社会秩序良好，人民群众安居乐业，社会保持安定团结；人与自然和谐相处，就是生产发展，生活富裕，生态良好。这些基本特征是相互联系、相互作用的，需要在全面建设小康社会的进程中全面把握和体现。”[1]

可以看出，报告中将民主法治和公平正义放在了首要的位置，社会的发展强调“和谐”，与以前提出的“效率优先、兼顾公平”的分配原则相比，其内容指向的变化引人注目。

著名社会学家、中国社会科学院学术委员会委员陆学艺，日前在接受香港《大公报》采访时指出，构建和谐社会，面对社会矛盾和问题，最迫切的任务是协调好各阶层利益关系，竭力避免个别的局部利益冲突转化为整体的社会冲突[2]。并指出：

第一，政府必须充分考虑和兼顾不同地区、行业、阶层、群体的利益，充分考虑社会各方面的承受能力。第二，要特别关注困难群体，改善就业环境，解决劳动者权益维护中的实际问题，解决困难群体就业和社会保障问题。第三，要建立健全社会利益的沟通渠道和协调机制，运用政策、法律、经济和行政等手段，采取教育、协商、调解等方法，妥善解决在新形势、新条件下的群众内部利益矛盾，沉着、冷静地处理好群体性突发事件。

《2005年中国社会蓝皮书》提出了构建和谐社会的总体目标：扩大社会中间层，减少低收入和贫困群体，理顺收入分配秩序，严厉打击腐败和非法致富，加大政府转移支付的力度，把扩大就业作为发展的重要目标，努力改善社会关系和劳动关系，正确处理新形势下的各种社会矛盾，为建立一个更加幸福、公正、和谐、节约和充满活力的全面小康社会而奋斗。

陆学艺认为，首先要实现社会公平，才能协调各方面的社会关系，最终实现社会和谐稳定。而目前在中国，起点公平、机遇公平、结果公平都没有能较好地实现。同时，建立和谐社会，就应该继续深化改革。现在市场经济的框架已经基本搭建起来了，但社会体制改革却严重滞后，包括社会保障、教育、土地、财政、就业、户籍等。

应该看到，追求经济社会的协调发展，避免贫富差距过大，成为今后的社会发展的重点。从另外一个层面看，关注民生，关注弱势群体，促进社会各阶层的均衡发展，在政治上得到肯定。

2. 经济上提出全面小康的目标

2000年，中国人民生活总体上达到了小康水平，中共十六大报告又提

---

1 相关网页（查询日期：2005.08.19）：http：//news.xinhuanet.com/newscenter/2005-02/19/content_2595497.htm.

2 相关网页（查询日期：2005.08.19）：http：//www.cpirc.org.cn/news/rkxw_gn_detail.asp?id=4146.

出了全面建设小康社会的新目标。总体上的小康是一个发展不均衡的小康，全面建设小康社会将缩小地区、城乡、各阶层的差距。到2000年，中国尚有3000万人温饱没有完全解决。城镇也有一批人口在最低生活保障线以下。还有相当数量的人口虽然温饱问题得到解决但尚未达到小康。全面建设小康社会，体现社会主义共同富裕原则。全面建设小康社会，惠及十几亿人口，所有现在没有达到小康水平的，都要努力争取尽快达到。

改革开放初期，考虑到我国的实际情况，我们采取"让一部分人、一部分地区先富起来"的政策。从20年来的实践来看，这一政策对大多数人确实起到了激励和带动作用。但我们的目标是达到共同富裕，这就要求我们要十分注意发展中的不全面、不平衡问题。从目前来看，我国社会发展的不平衡主要表现在城乡不平衡、地区不平衡和个人收入的不平衡，这也是弱势群体问题凸现的重要原因。如果不尽快创造条件帮助弱势群体走上富裕道路，那么即使一部分人很富，也体现不出社会主义的优越性；即使一部分地区发展很快，也不是我们所追求的共同富裕。积极关注和支持弱势群体，帮助他们尽快致富，既是全面建设小康社会的应有之义，又是实现全面建设小康社会目标的重要途径。

全面小康，根本上就是弱势群体、处于社会中下层群体的小康。因此，全面小康目标的提出，使得这些群体的生活标准在经济目标上得以确定。

3. 法律上将保护私有财产写进《宪法》

2004年3月十届全国人大二次会议通过对《宪法》的13项修改[1]，其中包括：第四项，完善土地征用制度；第六项，完善对私有财产保护的规定；第七项，增加建立健全社会保障制度的规定；第八项，增加尊重和保障人权的规定……从《宪法》修改的内容来看，体现了社会公平和保护社会弱势群体的特点。

(1) 完善土地征用制度，使得土地征用手续合理，安置恰当，避免出现野蛮征地情况，使得弱势群体的合法的居住权得到法律上的保障。

(2) 完善对私有财产保护的规定，第一次将保护私有财产的内容写进《宪法》。保护私有财产，对于占有有限资源的弱势群体来说，更有现实意义。

(3) 增加建立健全社会保障制度的规定，其目的是使得处于社会中下层群体的生活保障得到法律上的保障。

(4) 增加尊重和保障人权的规定，使得弱势群体的呼声得以受到重视。

对《宪法》的修改，使得弱势群体、处于社会中下层群体的法律保障得以确定。

---

1 相关网页（查询日期：2005.08.19)：http：//jxlib.gov.cn/xxzx/xfxx.htm.

4. 公众意识上民主的要求和参与的意愿逐步提高

对于处于社会中下阶层的群体，虽然与社会中上层群体比较而言他们是弱势群体，但他们不应被看成是“价值弱势”，不应贬损他们的价值。弱势群体对社会的贡献及其社会价值应得到充分肯定。弱势群体主要表现为经济弱势的特点，至于他们的收入相对较低，是历史、体制等多方面原因造成的，不能以此来贬低他们的价值。弱势群体中的另一部分人，如亏损企业职工、下岗失业人员、退休职工等，虽然他们当下对社会的贡献较少，甚至需要国家、社会给予扶持和救助，但他们曾经对社会做出过重要贡献，其社会价值同样应该给予肯定，他们对国家和社会所付出的劳动，理应受到党和政府以及全社会的尊重和爱护。同时，我们也应该看到，弱势群体身上潜藏着巨大的潜在价值，如果加以正确的开发和利用，就可能对社会发挥不可估量的贡献。许多个体之所以成为弱势群体，并非因为自己能力差、文化低、无专长、素质不高，而是由于种种原因造成的，只要为其创造一定的条件，他们就可以充分发挥自己的聪明才智，实现自己的社会价值。随着社会的发展，他们的民主意识和参与国家与社会事务的要求也在提高。

1.1.5 问题的本质

总的来讲，关注公平，关注民生成为现阶段的重点。

与发达国家类似，我国在经济快速发展的同时，社会公平和民主的问题凸显出来。应该看到，一方面，社会中下阶层的民主意识不断增强，民主要求不断提高；另一方面，国家和政府也不断制定相关的政策和措施来解决这些问题。反映在社会发展当中，这个阶段就表现为制约社会发展的矛盾逐步的产生，解决矛盾的手段也逐步出现。但从历史的角度来看，当前的社会转型还处于初期阶段，所产生的矛盾对社会发展的制约影响还没有完全展现出来，而用于解决矛盾手段的效应还有待检验。

评价不同的城市规划和城市政策的尺度有三个：一是效果，即在一定期限内是否解决了需解决的问题；二是效率，即好的投资回报，或者是较少的经济代价；三是公正性，即政策的分配效果，通过规划和政策的实施，哪些社会群体受益，哪些社会群体的利益受损（Couch，1990）。

旧住宅区的更新改造实际上就是改善民生的一种手段，并且可以预测，随着我国的城市逐步跨入住宅建设的第二阶段，在今后很长一段时间里，旧住宅区的更新改造将是城市发展过程中关注的一个重点，因为对旧住宅区的改造不仅面临物质环境老化的压力，也是社会均衡、和谐发展的必然要求。

1.2 研究的问题

从宏观上来讲，本书关注的问题是探讨改善民生政策和措施的效应问题。研究的问题可以这样表达：

1. 当前的政策和方式的实际效应如何?

2. 影响这些政策和方式有效发挥作用的因素是什么?

3. 如何改进当前的政策和方式使其有效地发挥作用?

在微观层面，本书关注的是当前上海市正在进行的旧小区“平改坡”综合改造。对应上述表达，如果站在实施的主体——政府的立场，研究的问题可以这样进行表述:

1. 当前的综合改造活动产生的实际效果如何?

2. 影响综合改造活动有效发挥作用的因素是什么?

3. 如何改进当前的综合改造方式使其更加有效地改善居民的生活?

从研究的客体来讲，本书关注的研究客体是居民，站在居民的角度进行研究。应该看到目前的改造基本还是局限于政府行为，从政府立项，到政府实施，到政府总结，我们所能看到的关于“平改坡”的资料、信息以及研究都是基于政府的立场。政府所做工作的实质是为中低收入居民提供的一份住房福利，通过改善中低收入居民的居住环境，提高他们的生活水平，从而实现社会公平，从更高层面来看，这项工作是政府为实现“和谐社会”而采取的一项措施。而从另一个角度来看，居住区的主体是居住在其中的居民，在目前经济条件有限的情况下，政府的工作是否满足了居民的需要，政府的预期是否体现了居民的预期，将直接关系到政府目前采取的这项工作是否有效，关系到能否最大限度地改善居民的居住条件。政府的工作在多大程度上满足了居民的需求，是否符合居民的意愿值得检验。

居民是改造的受益者，对于综合改造效果的评价他们最有发言权，因此如果站在居民的角度对相关问题进行解答，问题会更清晰一点。本书尝试检验居民对目前上海市旧小区“平改坡”综合改造的看法，检验居民眼中旧小区“平改坡”综合改造的改造效果，分析影响居民意愿的因素，探求如何将居民的意愿充分地体现在旧住宅区的更新改造活动当中，以期能够为今后的旧住宅区改造提供更好的思路。因此本书研究的问题最终可以这样表达:

1. 上海市正在进行的旧小区“平改坡”综合改造在多大程度上体现了居民的意愿?

2. 影响居民意愿实现的因素是什么?

3. 如何改进当前的综合改造方式使得居民的意愿得到更加充分有效的表达?

1.3 研究的目的

本书研究的目的是在当前“和谐社会”、“社会公平”的背景下，反思当前的改造方式，探讨旧住宅区改造方式的新途径和规划理论的新突破，在合理的情况下，使得在旧住宅区更新改造中居民意愿得以充分体现。

研究目的可以分解为以下四点：

1. 通过对过程以及内容的分析，检验上海市旧小区“平改坡”综合改造的总体情况。

2. 通过分析旧住宅区的居民的意见和看法，从居民角度检验对这种方式的看法。

3. 通过比较和研究，探求影响居民意愿有效反映在改造行为当中的因素。

4. 通过归纳和总结，探索旧住宅区更新改造当中将居民的意愿有效纳入的方法。

1.4 选用的实证案例

本书以2004年上海市旧小区“平改坡”综合改造完成的38个小区为研究对象，从中选择6个小区作为代表。

1.5 结构安排

本书分为五个章节。

第1章是导论，大致分析研究问题的背景，明确研究的目的。

第2章是对1949年以后的上海旧住宅区改造的历史和现状的回顾。对改造的历史作了较为系统的、简明扼要的论述和总结。

第3章是研究案例的选择和居民意见的采集。对上海旧住宅区更新改造中体现出来的居民意愿进行总体分析，检验改造当中居民意愿的体现状况。

第4章是居民意愿的影响因素分析。着眼于对影响居民意愿的因素进行分析，通过数据分析和理论研究，找出影响居民意愿的因素。

第5章是对策研究，探讨旧住宅区改造的民意回归途径。针对前面章节的分析，结合当前发展趋势，探索居民意愿的表达途径，以期更好地落实旧住区改造的民意回归。

第 2 章　1949 年以来的上海旧住宅区改造历程[1]

2.1　上海旧住宅区改造的第一阶段：1970 年代末期以前

2.1.1　旧住宅区概况

直至 1970 年代末期，国内仍然处于单一计划经济体制主导的历史阶段。上海由于历史发展的原因，存在着多种类型亟待改善或更新的旧住宅区，既包括一些曾经有着良好居住环境的少数花园住宅、大型公寓住宅和新式里弄，也包括相当部分的旧式里弄和成片棚户简屋。各类住宅的建筑标准、质量、设备及周围环境等相差悬殊。据新中国成立初期 1949 年的调查（毛佳梁等，2000），早期上海市区 82.4km^2 范围内，旧式里弄、新式里弄和简屋棚户的面积比重依次最高。在 2360.5 万 m^2 住宅总建筑面积里，旧式里弄 1242.5 万 m^2，占住宅面积总量的 52.7%；新式里弄 469 万 m^2，占住宅面积总量的 19.8%：简屋棚户 322.6 万 m^2，占住宅面积总量的 13.7%。特别是旧式里弄的住宅建筑密度大多高达 80%，人口密度高达 2000～3000 人/hm^2，房屋陈旧，日照和卫生条件都很差。而成片棚户简屋的居住条件更差，甚至难以遮风避雨，大量穷苦劳动人民居住在其间。

2.1.2　旧住宅区的改造方式

总的来说，这一时期的旧住宅区改造还处于摸索阶段，多种改造方式并存，其中又以“零星拆建”为主要改造形式，包括隙地插建、小块拆建等具体做法，改造的重点是棚户简屋和旧式里弄住宅。同时也出现了一批影响后来旧住宅区改造的典型示范性改造案例。比较有代表性的包括：

其一，1950 年代，针对棚户，以“居住改善”和“自建公助”方式进行的旧住宅区改造。具体方法为，一是针对原有相对条件较好的 200 多个棚户区，通过建造给水站、安装电灯、设置垃圾箱、开辟火巷等措施，改进棚户区的居住条件；二是针对部分属于危险房屋或急需改善条件的棚户，采取“自建公助”的方式进行改造，即由住户自己出资，政府或单位适当资助，

1　这部分内容发表于：刘勇．1949 年以来的上海旧住宅区改造历程［M］．理想空间，2008（27）：40-43.

将棚户改建为 2 层楼房。当时在杨浦区的眉州路、南市区的复兴东路、普陀区的石泉路等地，都建有不少自建公助住宅，收到了成效[1]（图 2-1）。

图 2－1　1950 年代自建公助的住宅

其二，1960 年代，以“蕃瓜弄”为典型代表，对棚户简屋的成组改造方式。具体方法为，拆除原有棚户，建设多层住宅，合理地提高容积率和建筑密度。这种改造方式得到住户的衷心欢迎，同期改造成功的还有杨浦区的明园新村（图 2-2）。

图 2－2　改造前后的蕃瓜弄

其三，1970 年代，以漕溪北路沿线等为代表，对棚户简屋的规划成组改造方式。改造的方式与 1960 年代的蕃瓜弄相类似，具体方法为全部拆除旧房，成组改造，但相比此前明显提高了用地建设容积率，建设了上海市的第一个高层住宅区（图 2-3）。

1　参见《上海建设（1949——1985）》. 上海：上海科学技术文献出版社，1989：101.

图 2-3　上海 1970 年代建设的高层住宅区

2.1.3　改造的规模与运作

总体上，由于这一时期属于新中国成立后国民经济初步发展时期，并且改造的资金主要由政府承担，在政府财力有限和相比建设新住宅区投入更大的情况下，旧住宅区的改造规模小、力度弱，城市旧住宅区的总体面貌改变不大。新中国成立后直至 1980 年（毛佳梁等，2000），年均拆除旧住宅面积仅为 8.7 万 m^2，其中简屋 4.1 万 m^2。

从改造建设主体来看，在计划经济条件下，上海住宅区改造的主体是市政府下属的城市建设主管部门。同时，由于基本采取了居民原住地改造的方式，被改造住宅的居民也积极参与到改造活动中，并在其中扮演了重要的角色。

在资金筹措方面，在计划经济条件下，政府拨款成为最为主要的方式，并且主要是由地方政府（市或区级政府）筹措。但是由于这一时期政府财力有限，在一些情况下也动员了一定的社会资金，实质上主要是被改造住宅的居民自有资金，如“自建公助”方式中，居民自筹就成为一种主要方式。

2.2　上海旧住宅区改造的第二阶段：改革开放至 1980 年代末期

2.2.1　旧住宅区概况

总体上，由于前一时期总体上处于国民经济初步发展阶段，政府财力有限，却在住宅建设乃至城市建设领域坚持了政府投入主导的方式，特别是期间又经历了经济与社会发展波折，以及城市建设指导思想的多次反复，城市建设明显滞后于实际发展的需要，城市旧住宅区面临的问题更加突出。根据统计，从 1950 年到 1979 年末，上海市城市人居居住面积只增加了 0.5m^2，平均仅为 4.4m^2/人。上海中心城区仍有旧式里弄 1791 万 m^2，棚户简屋 450.4 万 m^2，这两项占到住宅总量的 53.2%（毛佳梁等，2000），上海的旧住宅区改造和城市新住宅建设同时面临紧迫压力。

此时，国内的改革开放进程逐步推广和深入，国民经济明显发展，经济体制开始转轨，提出了社会主义商品经济的概念，为旧住宅区的改造带来了若干新的特征。

2.2.2 旧住宅区的改造方式

上海市委、市人民政府于1980年3月召开住宅建设工作会议，制订了“住宅建设与城市建设相结合，新区建设与旧城改造相结合，新建住宅与改造修缮旧房相结合”的方针。针对旧住区的规划改造确定了“相对集中、成片改造”的原则，并制订了全市23片地区改造规划，这也是上海“六五”（1981～1985年）期间筹划，“七五”（1986～1990年）期间实施的重点建设项目，同时也成为贯穿整个1980年代的上海旧住宅区改造的主要内容，为旧住宅区的规模化、系统化改建作出了有益探索。总体上，相比改革开放前，这一时期的旧住宅区改造发生了以下主要变化。

其一，政府开始系统化地进行旧住宅区改造，从主要针对“点”的改造过渡到针对“面”的改造，开始尝试形成一套相对成熟的改造方式。

其二，改造的主要方式由先前的“零星拆建”变为“成片集中拆建”。比较有代表性的，如成片改造的占地10.9hm^2的普陀区药水弄，占地16.5hm^2的徐汇区的市民村等。棚户区改造力度的加大对于改善城市面貌做出了重要贡献，但改造规模仍旧有限（图2-4）。

其三，出现了保留旧住房基础上的改善改造方式，不仅丰富了旧住房改造的方式，对于有历史价值的保护建筑的改造也成为有益探索。如原南市区

图2-4　改造前后的药水弄

蓬莱路 303 弄的改造，采取了“旧房利用、内部改造”的方式，增加了房屋设备，使每户家庭有独立成套的住宅单元，可以说是拉开了上海旧住房成套改造的序幕（图 2-5）。

图 2－5　旧式里弄房屋改建

总的来说，这个阶段的改造方式有所发展，更主要的是改造的进程明显加快。

2.2.3　改造的规模与运作

从改造的规模来看（毛佳梁等，2000），这一时期的旧住宅区改造进程明显加快，改造规模较之前的 30 余年有明显增长，1981～1990 年间，年均拆除旧住宅 52.3 万 m^2，其中简屋 11 万 m^2。

从改造参与的主体来看，相比此前，这一时期的旧住宅区改造主体主要以国有房地产开发企业为主，但总体上仍可以看做是地方政府承担起主要职责，也仍然延续了计划经济体制的运作模式。尽管已经出现了一些保留旧住房的改善方式，但是总体上仍以“拆建”模式为主，并且更为重要的是相比之前出现了更多改造地居民被动拆迁现象，居民在改造过程中的参与性相对下降。

在资金筹措方面，除地方财政投入一部分外，大部分由各区采取多种方式募集，譬如“集资组建”、“联建公助”、“民建公助”等方式，但始终没有迈出“市场化”的步伐，主要仍然由地方政府，也就是市、区政府的财政资金为主要资金来源。

但是也应当注意到，到 1980 年代末期，已经开始出现零星的尝试利用“商品房经营”的模式来解决资金问题的改造实例，代表性案例如 1988 年黄浦区瑞福里（图 2-6）、虹口区久耕里的改造[1]（图 2-7）。

1　参见《上海建设（1949——1985)》. 上海：上海科学技术文献出版社，1989：111.

图 2-6　瑞福里改造

图 2-7　久耕里改造

2.3　上海旧住宅区改造的第三阶段：1990 年代至 21 世纪初

2.3.1　旧住宅区概况

1990 年代，中国的改革开放进入了新的历史时期。经济的长期持续增长和人民生活水平的极大提高，使得旧住宅区基础设施匮乏、居住拥挤、建筑破败的现象日益成为突出的社会问题。到“七五”期末，市区人均居住面积虽然由“六五”期末的5.4m^2提高到6.6m^2，但到1990年底，市区还有旧式里弄3067万m^2，占住宅面积总量的34.5%。其中，有超过1500万m^2的二级旧式里弄以下旧住房，成片危房、简房面积365万m^2，有30余万户人均居住面积4m^2以下的困难户，居民改造旧住宅区的呼声更加强烈。[1] 同时，政府为了吸引外资、改善投资环境、兴建市政基础设施，也迫切需要改造旧城区，这些方面的因素，共同构成了促进旧住宅区改造进程加快的内在动力。

此外，还应当注意到，自1980年代末期陆续出现并于1990年代初期出现快速发展的国内土地使用制度改革进程，以及1990年代后期基本明朗的城市住房制度改革进程，都对这一时期的旧住宅区改造产生了重大影响。

2.3.2 旧住宅区的改造方式

1992年底召开的中共上海市第六次党代会确立了到20世纪末的上海城市居住目标，主要内容包括：市区人均居住面积达到10m^2，住房成套率达到70%；完成人均居住面积4m^2以下困难户的解困和365万m^2成片危棚简屋的改造[2]，其中的后两项演变成为贯穿1990年代的上海城市旧住宅区改造的主要内容，即政府主导的著名的“365危棚简”改造工程。相比前两个阶段，这个阶段的改造呈现出以下特点。

其一，改造的主要方式由先前的“零星拆建”、“成片集中拆建”，变为“大面积的集中拆建”，追求“短时间大变样”，在规模上扩大许多。具体来说，有部分以市政工程建设方式进行大规模拆迁，有部分以“365危棚简”改造方式拆迁，也有相当部分以市场化再开发方式进行拆迁再开发。

其二，市场力量大量介入旧住宅区改造，典型案例如“365危棚简”工程中占地面积近50hm^2的“两湾一宅”（潭子湾、潘家湾、王家宅）改造工程、原南市区西凌家宅改造工程，以及作为市政配套工程拆除的41万多平方米建筑（大多为1920～1930年代建成的居住建筑）的“延安中路大型公共绿地”建设，均在短时期完成（图2-8）。

总体上，这一时期的旧住宅区改造大多采取了居民外迁，旧住房全部推倒重建的方式。总体上，尽管有部分居民回迁，但是在市场化的推动下，居民全部外迁，特别是迁到近远郊区成为更主要的模式。

此外，保留旧住房进行成套化改造的方式也进一步加快。特别是在1990年代后期，随着政府有关部门《关于加快旧住房成套改造实施意见》

---

1 参见《上海建设（1991——1995）》，上海：上海科学技术文献出版社，1996：149.

2 参见《上海建设（1991——1995）》，上海：上海科学技术文献出版社，1996：152.

图 2-8　原南市区西凌家宅改造

的颁布，各区都加大了在旧住房成套改造方面的投入，涌现了像静安区的“新福康里”等比较成功和有影响力的作品（图 2-9）。上海市住房成套率由 1990 年的 31.6%提高到 2000 年的 74%[1]。

图 2-9　新福康里改造

2.3.3　改造的规模与运作

总体上，这个时期是新中国成立后上海城市旧住宅区改造工作取得突破性进展的时期。1991～2000 年间（毛佳梁等，2000），年均拆除旧住宅面积达到了 269.5 万 m^2，其中简屋 36.5 万 m^2。

在参与的主体方面，多元化的进程明显加快，旧住宅区更新主体模式进入了一个明显变革时期。一方面，政府仍然发挥了主导的作用，无论是以市政工程建设、“365 危棚简”，还是直接的旧住宅区拆除更新或成套改造，政府仍然是每个项目的真正实施主体，涉及指挥、实施、引导、协调、监督的具体环节，并且更多地体现出行为管理而非政策管理；另一方面，市场化的开发企业作为参与方第一次大规模地介入到改造进程，大量资金的涌入迅速

1　查阅上海统计局资料所得。

推动了旧住宅区的更新，但是由于政府经验不足和调控能力有限等原因，快速的市场化更新也带来了大量过高密度的更新住宅区的出现；第三方面，这一时期的被改造住宅区内的居民作为参与者进一步被边缘化，基本处于被动接受的状态。而易地安置和疏解中心城区人口密度的目标，又进一步导致中低收入者被迫远离城区中心地区，长期形成的社区网络因此遭到了破坏。

在资金投入方面，对比前两个阶段，除了政府投入外，出现了两个变化：第一，随着市场经济的起步，使得政府可以充分利用土地的级差地租效应，通过向房地产开发企业进行土地使用权的有偿转让，借助市场来缓解旧住宅区改造资金短缺的长期矛盾。仅“八五”期间，上海城市土地出让收入就达到 84.6 亿美元、110.6 亿元人民币，主要用于出让地块上的单位、居民的动迁安置及城市基础设施的建设[1]。第二，“旧住房成套改造”主要采取了“政府出一点、居民出一点”的集资共建方式，以此减轻政府负担，体现谁受益谁投入的原则。

2.4 上海旧住宅区改造的第四阶段：21 世纪初期至今

2.4.1 旧住宅区概况

经过计划经济向市场经济转轨后 10 年的建设和改造，上海市的住宅状况得到了很大改善。至 2000 年，全市共有居住建筑 20865 万 m^2，其中旧式里弄 1896 万 m^2、简屋 84 万 m^2，这两项所占比重第一次降到了 10%以下，占总住房面积比重的 9.5%，城市人均住房面积达到了 11.8m^2（同期全国人均居住面积 10.3m^2），住房成套率 74%，可谓成绩斐然[2]。

总体上，21 世纪初，上海中心城区除了存在着的一些危棚简屋和新、旧式里弄住宅外，仍有相当部分新中国成立后建成的老式工房。根据 2000 年的统计，全市共有职工住宅 17939 万 m^2，其中一类职工住宅 3919 万 m^2，二类职工住宅 13523 万 m^2，三类职工住宅 497 万 m^2。这其中有相当部分建成于 1960 年代到 1980 年代的老式工房。由于当时建造标准低且使用年久，已经成为旧住宅区更新的重要对象。

2.4.2 旧住宅区的改造方式

2001 年，随着上海市政府圈定 1348 万 m^2 的试点地块（307 块），“新一轮旧区改造”的序幕拉开。总体上，“新一轮旧区改造”政策是在总结此前经验和教训的基础上制定的，在许多方面沿袭了“前一轮旧区改造”的一些好的做法，同时又注入了一些新的内涵。主要特点如下。

---

1 参见《上海建设（1991——1995）》. 上海：上海科学技术文献出版社，1996：610.

2 相关网址：http：//www.stats-sh.gov.cn/shtj/tjnj/2001/tables/6_3.htm.

其一，由此前主要关注改造“量”的扩张，转变为“质”和“量”的并重，并且强调“拆、改、留”并举。其中，拆除改造的重点是中心城区旧式里弄房屋建筑面积超过70%的区域，特别是房屋结构和居住环境差的二级旧式里弄以下地区；在重点改造成片、成街坊旧式里弄住区的同时，兼顾“旧住房成套改造”、“平改坡”、“平改坡综合改造”以及历史建筑和风貌街区保护性改造，改造的内涵空前丰富（图2-10）。

图2－10　成都路平改坡工程

其二，在改造整体工作系统化的同时，单一的改造行为本身也向系统化迈出了重要一步，改造行为从针对住宅的“单一”措施转向针对住宅区的“综合”措施。在进行“旧住房成套改造”、“旧住房平改坡改造”的同时，提出针对旧住宅区的系统化、综合性的改造措施，也就是旧住宅区“平改坡”综合改造。图2-11～图2-14是上海市第一批旧小区“平改坡”综合改造中的一个小区——杨浦区四平路2065弄改造后的实景照片。

图2－11　杨浦区四平路2065弄外景

图 2-12　杨浦区四平路 2065 弄宅间绿化

图 2-13　杨浦区四平路 2065 弄入口

图 2-14　杨浦区四平路 2065 弄停车位

其三，旧住宅区的改造完全进入市场化运作阶段。此前，政府曾先后出台了各种政策，通过减免或缓交土地使用费、减免手续费、管理费等优惠措施吸引开发商。而这一阶段，政府不再进行财政补贴，完全采用市场化运作方式，并将旧区改造的地块纳入招标统一管理。

其四，开始重新重视居民回迁问题。针对上阶段大多采取异地安置方式所产生的社会问题，在新一轮的改造当中开始尝试解决，曾制定专门回迁规定，但是实施情况不理想。

2.4.3 改造的规模与运作

2001年开始的新一轮旧区改造，其力度较之1990年代的“前一轮旧区改造”有过之而无不及，对城市的冲击力和影响力也越来越大、越来越深远。2001～2005年，上海共实现住宅拆迁面积2431.5万m^2，年均486.3万m^2。同时，旧住房的成套率改造也稳步推进，至2005年，住房成套率由2000年的74%提高到93%。此外，针对老式工房进行的“平改坡综合改造”工程开始实施，2004～2006年共完成对199780户的改造，共计1187万m^2。

在参与主体方面，该阶段的旧住宅区改造工作提出了机制探索和创新的新目标，政府提出了“以政府、企业为主”向“政府扶持、企业运作、市民参与”的方式转变要求，市民参与再次受到重视。这一方式转变实际上从一个侧面反映了市场经济的逐步成熟，政府逐渐希望从直接的行为管理向政策管理转变，希望更主要地发挥调控市场的作用。同时，随着政企分开的逐步完成，开发企业特别是国有企业背景的开发企业逐渐完成转型，成为市场化主体，以及旧住宅区改造的具体实施主体。而居民，随着诸如“平改坡”综合改造等活动的展开，也更为主动地参与到了改造活动当中。总体上，从改造开始阶段的居民投票、改造方案的征求居民意见，到改造过程的监督，再到改造竣工的验收，居民参与都被放在了一个很重要的地位。从政府已经公布的材料来看，“平改坡”综合改造已经不仅仅是对物质环境的改造，而是将人、物质环境、改造活动充分结合在一起的改造活动。

随着经济的快速发展，更多主体的不同方式参与互动及“各就各位、各司其职”，这一时期的改造资金问题逐步解决。政府通过制定政策，一方面通过市场来筹集旧区改造的资金，另一方面通过财政拨款以及居民参与出资的途径作为重要补充。

2.5 总　　结

2.5.1 改造方式：从单一方式逐渐走向综合化

总体上，经历长期发展之后，上海的旧住宅区逐渐从以往“重建”为主导的改造方式走向更为综合化的“整建性改造”、“维护性改造”、“重建性改造”并重的阶段，旧住宅区的更新改造也因此提出了“拆、改、留并举”的措施，改造方式也因此更趋成熟，也越来越体现出“改造”的内涵。

随着国民经济的快速发展和城市综合实力快速提高，以及改造方式的综合化转变，上海旧住宅区改造工作也逐渐走向系统化，从新中国成立初期的“零星拆建”到1980年代的“23片”，从1990年代的“365危棚简”到21世纪初的“新一轮旧区改造”和“平改坡综合改造”，旧住宅区改造的各个环节在工作实践进展的同时逐渐得以系统化。

2.5.2 改造内容：逐渐从单一物质环境改善向综合改善转变

总体上，此前的改造工作更主要地集中在物质环境的改善，特别是住房面积的改善方面。此后，从1980年代开始，对里弄改造开始，逐步关注起住宅内部构造的改造问题。到1990年代，老工房的成套率改造被正式提到议事日程上来，但仍然没有形成长效机制。直至20世纪末期开始的大规模“平改坡”工程，特别是“平改坡”综合改造以来，旧住宅区改造逐步走向细致化，改造的内容从单一的住宅改造逐步过渡到综合性的涉及居住生活方方面面的改造。这也标志着改造的重点从关注基本的居住需求，逐步过渡到关注居住、休闲等完整的现代居住生活需求，改造内容从粗放走向细致。

2.5.3 改造规模：逐渐加大

纵观新中国成立后上海市旧住宅区改造的历史，可以清晰地发现改造的规模呈加速发展的态势，特别是计划经济体制向市场经济转轨后的这段时间。同时，改造对象也在迅速扩大，从最初主要集中于危棚简屋，到更多里弄住宅和老工房改造，直至目前一些建成仅20余年住房也逐渐纳入到了综合化改造的对象范畴。见表2-1。

上海市旧住房拆除量统计表 **表2-1**

年份	年数	旧住房拆除量	年平均	其中简屋	年平均	占住房总量
1949～1980年	32	277万m^2	8.7万m^2	130.6万m^2	4.1万m^2	6.3万m^2
1981～1990年	10	523.3万m^2	52.3万m^2	110万m^2	11万m^2	5.9万m^2
1991～1994年	4	938.3万m^2	234.6万m^2	91.9万m^2	22.9万m^2	8.5万m^2
1995～2000年	6	1756.4万m^2	292.7万m^2	—	—	—
2001～2005年	5	2431.5万m^2	486.3万m^2	—	—	—
累计	57	5926.5万m^2	104.0万m^2	—	—	—

2.5.4 改造主体及作用变迁：政府与市民

总体上，参与改造的主体主要包括政府、企业和市民，不同主体在不同历史时期的作用有所不同，而企业则是随着经济体制改革逐步参与到旧住宅区改造并扮演了重要角色。

从政府角度来看，无论在任何时期，都扮演着旧住宅区改造的主体角色。在计划经济体制下，旧住宅区改造的整个过程都由政府一手操作。到1980年代，随着社会主义商品经济概念的提出，政府的角色开始发生变化，旧住宅区改造的主要操作者开始向国有房地产开发公司转移，但政府仍然是主要的参与者、组织者和实施者。进入1990年代，随着体制改革的不断深入和扩大，政府在旧住宅区改造中的作用开始发生更为明显的变化，经营者的角色日益显现。但是由于把改造的任务过多地交给市场去解决，没有相应的调控措施，其结果与改造的初衷发生了一些偏差。从21世纪开始，随着一系列新政策的实施，在新一轮旧住宅区改造中，政府的角色再次出现了回归现象，在关注民生的问题上又一次处于主导地位。

从居民角度来看，同样经历了角色变迁。在计划经济时代，由于经济条件有限，旧住宅区居民曾经在1950年代的自建公助方式中扮演了重要角色。直至1980年代末期，旧住宅区居民总体上从计划经济条件下的旧住宅区改造方式中受益很多。但是由于经济实力限制，旧住宅区改造进程缓慢，大多旧住宅区难以改造，这也影响了更多旧住宅区居民从传统改造方式中受益。进入1990年代，房地产市场兴起和大量企业介入，一方面大大提高了旧住宅区的改造速度，但另一方面也出现了居民逐渐参与改造的主动权和部分利益受损现象。21世纪开始，在新一轮旧住宅区改造进程中，特别是小规模的更新完善方式的逐步推广，旧住宅区居民再次成为改造活动的重要参与者，并且能够明显从这一改造方式中获益。

第3章　上海旧住宅区更新改造中的居民意愿

3.1　对上海市旧小区“平改坡”综合改造小区的选择

3.1.1　小区选择的原则

3.1.1.1　体现区位差别的原则

1. 体现居民意象中传统等级区位的差别

在上海人中间，一直存在关于“上支角”和“下支角”的议论，这是以往上海按其经济、文化和社会地位所做的划分。“它以居地为界，静安区较之南市区、闸北区，也就有上下的划分了。上支角，便意味着爬满牵牛花的竹栅栏，玫瑰花飘散着幽香，蓝屋里传来阵阵的钢琴声。意味着那庭院深深几许中，殷实商贾之家贵族气派以及诸种的行事和礼节，也意味着静谧无忧的人在规律秩序的生活方式中，常存致远心境并把自己埋在落叶般的往事与追忆中。而下支角无非是拥挤、脏乱、贫困的代名词。那是棚户区凄凉苍老的面孔，是从苏北逃往上海的手艺人每日辛勤劳作的厚茧，是烦乱忧心的饥馑和苏州河两边发散霉变气味的混浊空气。”[1] 在2004年完成的小区当中选择位于传统意义上不同区位的小区，来验证随着时间的流逝，传统区位不同的小区中居民对改造的看法。

2. 体现城市布局中交通区位的差别

在2004年完成的小区当中选择位于不同交通区位的小区，来验证交通区位不同的小区中居民对改造的看法。

3. 体现城市行政管理的行政区划差别

在2004年完成的小区当中选择位于不同行政区域的小区，来验证不同行政区域的小区中居民对改造的看法。

3.1.1.2　体现人群差别原则

事实上，计划经济条件下建设的小区，因为区位的不同也会产生人群构成的不同，如杨浦区的许多小区是配建的工人新村，而位于传统城市中心区的如长宁区、静安区的许多小区，主要是为了服务在市中心办公的机关和事

1　相关网页（查询日期：2005.09.28）：www.gzdaily.com/content/2001-09/21/content_226142.htm.

业单位。当然，在调查前无从考证各个小区现在的人员组成情况，但在调查过程中，在选择小区时应该将这个因素考虑进去。

3.1.1.3 规模适宜原则

主要考虑两点：

1. 小区规模不宜过大

这主要是基于对问卷数量的考虑，由于人力、物力、财力的限制使得问卷发放的数量有限，选择规模过大的小区将影响问卷样本的可信度，适宜的小区规模有助于提高样本的可信程度。

2. 小区之间规模相差不能过大

计划经济条件下建设的小区受建设规范影响较大，规模相当或相差不多的小区在内容组成上面有着较多的相似性，在比较时可以找到更多的相同点，使得比较的结果受小区自身差别的影响较小。

3.1.2 选择的小区

综合以上考虑，本次问卷调查选择的小区如表 3-1 所示。

3.1.3 选择小区的概况

3.1.3.1 区位条件

如图 3-1 所示。

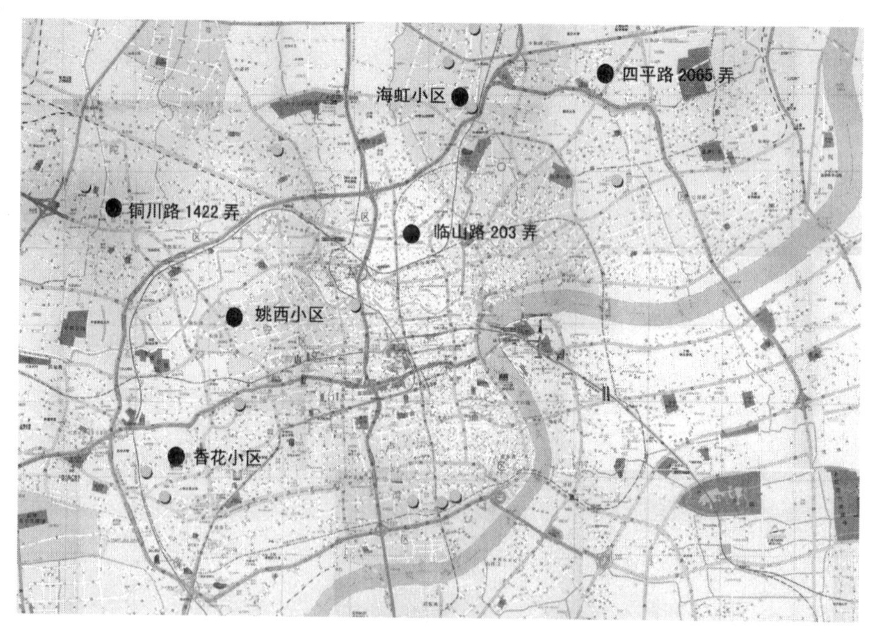

图 3－1 选择的小区区域位置图

3.1.3.2 人口概况

见表 3-1。

选择的小区　　表 3-1

序号	区属	小区名称	小区地址	户数	建筑面积	传统区位	交通区位
1	杨浦	四平路 2065 弄	四平路 2065 弄	730	33715	下支角	内—中
2	虹口	海虹小区	广灵一路 74 弄	499	24676	一般	内—中
3	普陀	铜川路 1422 弄	铜川路 1422 弄	424	32082	下支角	内—中
4	闸北	临山路 203 弄	临山路 203 弄	742	34945	下支角	内
5	静安	姚西小区	余姚路 487 弄	814	45042	上支角	内
6	长宁	香花小区	新华路 370 弄	380	22310	上支角	内
总计	6			3589	192770		

3.1.3.3 改造情况综述

从现场调研的情况来看，由于是第一批试点小区，改造的内容大致相

图 3-2　杨浦区四平路 2065 弄　　图 3-3　普陀区铜川路 1422 弄

仿，改造所采取的方式差别也不大，这就造成了各个小区改造后的住房和环境状况相似。本文选取了两个小区建成后的情况作为比较。如图 3-2、图3-3 所示。

3.2 问卷的设计及发放

3.2.1 问卷的设计

问卷分为四大部分，以期能够在总体上考察居民对当前改造活动的评价，以及反映居民在改造过程中的意愿。

第一部分是关于居民对“平改坡”实施效果评价的调查，包括对方式、内容、效果、组织过程、施工质量的评价。

第二部分是关于居民意愿的调查，包括环境认同意愿、出资意愿、操作意愿、参与意愿、交往意愿、定居意识等内容。

第三部分是关于居民对未来改造内容预期的调查，包括面积、房型、服务设施等。

第四部分是关于居民现实状况的调查，包括自然属性、社会属性和住房条件等。

3.2.2 调查员的培训及问卷的发放

调查员的培训和问卷的发放委托上海社会科学院社会调查队进行。调查员的培训在 2005 年 5 月下旬进行，并与 2005 年 5 月 31 日由上海社会科学院社会调查队调查员按照分层随机抽样的方式直接入户调查，共发放问卷 600 份，并于 2005 年 6 月 16 日完成问卷调查工作，问卷全部回收。

在过程中笔者尝试在实证研究中将城市规划中的调查方法与社会学的调查方法有效地结合起来，并组织社会学界的社会调查力量，进行了一次大规模的问卷调查，从问卷的设计与修改、调查员的培训与意见反馈、问卷的入户跟踪调查以及问卷的电话回访等环节作了全程的跟踪。并且在调查过程中严格遵守社会学的调查原则，获得了高度可信第一手的调查数据。通过对整个过程的参与，也同时接触到许多受访的居民，在与其交流过程中也获得了大量的感性认识。对于笔者来说，这个过程不仅仅在于第一手资料的获得，而且也是一种调查方式的新尝试。

3.3 受访者总体状况描述

3.3.1 受访者概况

3.3.1.1 年龄结构

调查的六个小区人口年龄分布见表 3-2。主要年龄段分布在 36～45 岁，46～55 岁，56～65 岁，占到总比例的 76.4%，其他年龄段都不超过 10%。其中 55 岁以上占 25.5%，60 岁以上占 17.5%，平均年龄 47.78 岁。

受访者的年龄分布　　表 3-2

年龄段	频次	百分比	有效百分比	累积百分比
18～25 岁	47	7.8	7.8	7.8
26～35 岁	57	9.5	9.5	17.3
36～45 岁	111	18.5	18.5	35.8
46～55 岁	232	38.7	38.7	74.5
56～65 岁	115	19.2	19.2	93.7
66 岁及以上	38	6.3	6.3	100.0
总计	600	100.0	100.0	

3.3.1.2　性别比例

调查的六个小区人口性别比例见表 3-3，受访者女性多于男性。

受访者的性别分布　　表 3-3

性别	频次	百分比	有效百分比	累积百分比
男	246	41.0	41.0	41.0
女	354	59.0	59.0	100.0
总计	600	100.0	100.0	

3.3.1.3　学历

调查的六个小区人口学历状况见表 3-4。从统计数据来看，受访者整体学历状况一般[1]，其中大专以上人口占到 22.8%，高中学历占比例最大，为 40.7%，初中为 33.2%，小学及以下为 3.3%。

受访者的学历分布　　表 3-4

学历	频次	百分比	有效百分比	累积百分比
小学及以下	20	3.3	3.3	3.3
初中	199	33.2	33.2	36.5
高中	244	40.7	40.7	77.2
大专	80	13.3	13.3	90.5
大学本科	53	8.8	8.8	99.3
硕士及以上	4	0.7	0.7	100.0
总计	600	100.0	100.0	

3.3.1.4　就业情况

调查的六个小区人口就业状况见表 3-5。受访者离退休所占比例较高，占到总比例的 36.9%；下岗和失业占比例较高，为 12.6%[2]。不过，我们也

1　可查上海年鉴（2004）相关数据。

2　2004 年 12 月 9 日，上海市政府新闻发布会公布：2004 年年底，上海城镇登记失业率将控制在 4.6%之内。相关网页（查询日期 2005.07.25）：http：//www.jfdaily.com.cn/gb/node2/node17/node167/node47593/node47596/userobject1ai722599.html.

可以看到，包括学生在内，在职的只占到48.5%。换一个角度，不在职的占到51.5%的比例，超过了半数，这么大比例的人的日常生活主要在居住小区，是一个不得不面对的事情。其中中年阶段36～45岁以及46～55岁阶段失业比重较高，在18%左右，而且46～55岁年龄段在职比例也只有44.6%。见表3-6。

受访者就业情况 **表3-5**

就业情况	频次	百分比	有效百分比	累积百分比
在职	268	44.7	44.7	44.7
下岗或者失业	75	12.5	12.6	57.3
离休	6	1.0	1.0	58.3
离退休	215	35.8	35.9	94.2
协保	6	1.0	1.0	95.2
实习	1	0.2	0.2	95.4
学生	23	3.8	3.8	99.2
长病假	3	0.5	0.5	99.7
待退休	2	0.3	0.3	100.0
小计	599	99.8	100.0	
未填答者	1	0.2		
总计	600	100.0		

分年龄段受访者职业状况 **表3-6**

年龄	受访者职业状况									总计
	在职	下岗或者失业	离休	离退休	协保	实习	学生	长病假	待退休	
18～25岁	16	6	0	0	0	1	23	0	1	47
	34.0%	12.8%	0.0%	0.0%	0.0%	2.1%	49.0%	0.0%	2.1%	100.0
26～35岁	51	5	1	0	0	0	0	0	0	57
	89.5%	8.8%	1.7%	0.0%	0.0%	0.0%	0.0%	0.0%	0.0%	100.0
36～45岁	88	21	0	0	2	0	0	0	0	111
	79.3%	18.9%	0.0%	0.0%	1.8%	0.0%	0.0%	0.0%	0.0%	100.0
46～55岁	103	41	1	79	4	0	0	3	0	231
	44.6%	17.8%	0.4%	34.2%	1.7%	0.0%	0.0%	1.3%	0.0%	100.0
56～65岁	10	2	3	99	0	0	0	0	1	115
	8.7%	1.8%	2.6%	86.1%	0.0%	0.0%	0.0%	0.0%	0.9%	100.0%
66岁及以上	0	0	1	37	0	0	0	0	0	38
	0.0%	0.0%	2.6%	97.4%	0.0%	0.0%	0.0%	0.0%	0.0%	100.0%
总计	268	75	6	215	6	1	23	3	2	599
	44.8%	12.5%	1.0%	35.9%	1.0%	0.2%	3.8%	0.5%	0.3%	100.0

3.3.1.5 从事行业状况

调查的六个小区人口从事行业状况见表3-7。调查中有51.7%的人没有填写从事的行业，据调查员反映，主要是因为离退休或下岗失业等原因。在填写答案的问卷里，工业、商贸业、餐饮服务业以及交通运输业等传统第三产业占了74.4%的比例，而党政机关、事业单位或金融保险等现代服务业的比重只占到25.6%的比例。

受访者从事的行业 表3-7

行业	频次	百分比	有效百分比	累积百分比
党政机关	19	3.2	6.6	6.6
工业	89	14.8	30.7	37.3
商贸业	59	9.8	20.3	57.6
宾馆、旅游、餐饮等服务业	43	7.2	14.8	72.4
教育、文化、科技	35	5.8	12.1	84.5
交通运输业	25	4.2	8.6	93.1
金融、保险业	5	0.8	1.7	94.8
医疗卫生	5	0.8	1.8	96.6
事业单位	4	0.7	1.4	97.9
自由职业	5	0.8	1.7	99.7
居委工作	1	0.2	0.3	100.0
小计	290	48.3	100.0	
未填答者	310	51.7		
总计	600	100.0		

3.3.1.6 收入状况

调查的六个小区人口收入状况见表3-8。38.8%的受访者月收入在1000元以下，79.1%的受访者月收入在2000元以下，90.7%的受访者月收入在3000元以下。2004年上海市公布的职工年均工资水平为24398元[1]，折算下来平均月收入在2000元的水平。应该说受访者的平均收入水平低于上海市的标准，换一个角度来看绝大多数人属于中低收入者[2]。从一个侧面反映了居住分层现象。

3.3.1.7 家庭人口

户均人口3.13人，高于同期上海户均2.76人的标准[3]。其中也可以看到，在三口以下的家庭占到76.9%的同时，五人及以上人口占到了12.5%。见表3-9。

---

1 数据来源：上海统计年鉴（2005）。

2 同上。

3 同上。

受访者的月均收入　　表 3-8

金额	频次	百分比	有效百分比	累积百分比
1000 元以	213	35.5	38.8	38.8
1001～2000 元	221	36.9	40.3	79.1
2001～3000 元	64	10.7	11.6	90.7
3001～4000 元	32	5.3	5.8	96.5
4001～5000 元	11	1.8	2.0	98.5
5001～6000 元	5	0.8	0.9	99.4
6001～7000 元	1	0.2	0.2	99.6
10001 元及以上	2	0.3	0.4	100.0
小计	549	91.5	100.0	
未填答者	51	8.5		
总计	600	100.0		

家庭人数　　表 3-9

选项	频次	百分比	有效百分比	累积百分比
1 人	18	3.0	3.0	3.0
2 人	103	17.2	17.2	20.2
3 人	340	56.7	56.7	76.9
4 人	64	10.6	10.6	87.5
5 人	75	12.5	12.5	100.0
总计	600	100.0	100.0	

3.3.1.8　住房状况

受访者住房条件见表 3-10～表 3-12，其中 74.8%的居民住房是通过购置公房获得，住房的私有化程度达到 86.3%。

受访者住房的性质　　表 3-10

选项	频次	百分比	有效百分比	累积百分比
已购的公房	448	74.7	74.8	74.8
租用的公房	82	13.6	13.7	88.5
购置的商品房	69	11.5	11.5	100.0
小计	599	99.8	100.0	
未填答者	1	0.2		
总计	600	100.0		

受访者是否住顶层　　表 3-11

选项	频次	百分比	有效百分比	累积百分比
是	113	18.8	18.8	18.8
否	487	81.2	81.2	100.0
总计	600	100.0	100.0	

受访者居住的楼层 **表 3-12**

选项	频次	百分比	有效百分比	累积百分比
一层	94	15.7	15.7	15.7
二～三层	226	37.6	37.6	53.3
四～五层	180	30.0	30.0	83.3
六层	91	15.2	15.2	98.5
六层以上	9	1.5	1.5	100.0
总计	600	100.0	100.0	

受访者户均建筑面积为 45.17m²，而同期上海居民户均居住面积为 59m² [1]。如果用建筑面积与居住面积 1.5 的换算系数核算，标准差别就更大。由此看出受访者的居住面积水平与上海市的平均标准差别很大。具体情况见表 3-13。

户型方面，绝大部分为两室（两室一厅）以下房型，占到 93%，其中一室户（一室一厅）占到 29%的比例。具体情况见表 3-14。

受访者住房的面积 **表 3-13**

选项	频次	百分比	有效百分比	累积百分比
15m² 以下	20	3.3	3.3	3.3
15.00～29.99m²	106	17.7	17.7	21.0
30.00～44.99m²	137	22.8	22.8	43.8
45.00～59.99m²	248	41.4	41.4	85.2
60.00～74.99m²	35	5.8	5.8	91.0
75m² 及以上	54	9.0	9.0	100.0
总计	600	100.0	100.0	

受访者住房的房型 **表 3-14**

选项	频次	百分比	有效百分比	累积百分比
一室户	125	20.8	20.8	20.8
二室户	293	48.8	48.8	69.6
三室户	24	4.0	4.0	73.6
一室一厅	49	8.2	8.2	81.8
二室一厅	91	15.2	15.2	97.0
三室一厅	18	3.0	3.0	100.0
总计	600	100.0	100.0	

1 数据来源（查阅日期：2005.09.26）：http：//www.chinapop.gov.cn/rkkx/gdkx/t20050112_18834.htm。

从居住年限的统计结果来看，大部分的居民居住年限比较长，显示出相对稳定的定居状况。其中 1～10 年占 38.1%，11～20 年占 34.9%，20 年以上占 27%。平均居住年限为 15.7 年。见表 3-15。

居住的年限　　表 3-15

选项	频次	百分比	有效百分比	累积百分比
1 年及以下	18	3.0	3.0	3.0
2～5 年	80	13.3	13.3	16.3
6～10 年	131	21.8	21.8	38.1
11～15 年	40	6.7	6.7	44.8
16～20 年	169	28.2	28.2	73.0
21～25 年	117	19.5	19.5	92.5
25 年及以上	45	7.5	7.5	100.0
总计	600	100.0	100.0	

3.3.2 受访者人群特征

在这里，我们将上海市的平均水平与本次受访者做一个横向的比较，受访者体现出的特征如下：

（1）自然属性：年龄相对偏大，平均年龄接近 48 岁；受访者女性多于男性；户均人口偏多，平均为 3.13 人，而且五人及以上家庭比例较高，占到了 12.5%。

（2）社会属性：受访者体现出一定的学历层次，但总体来讲不高，大专以上的学历只占到 22.8%；在职人口从事的职业主要是偏向于工业和服务业等劳动密集型产业，而从事管理以及知识密集型产业的比例只占到 25.5%的比重；整体失业状况比较高，有 12.5%的比例，同时，超过一半的比例已经不在岗，特别是 45～55 岁中年阶段在职比例只有 44.6%，这反映了旧住宅区大量有劳动能力人群的赋闲；整体收入偏低，79.1%的受访者月收入在 2000 元以下。

（3）住房条件：住房面积标准较低，与上海市平均居住面积标准相差较大；户型较小，绝大部分户型为两室一厅以下。

如果按照经济条件和社会属性对受访人群进行一下界定，那么这些人群中的相当一部分属于在社会中的中下阶层，相当一部分属于相对弱势的群体。

3.4 居民对旧小区“平改坡”综合改造的总体看法

3.4.1 居民对当前改造重点的看法

居民对综合改造所应注重的方面见表 3-16。

居民对旧小区改造应注重方面的意见　　表 3-16

选　　项	频次	百分比	有效百分比	累积百分比
美观	12	2.0	2.0	2.0
实用	153	25.5	25.5	27.5
美观和实用并重	435	72.5	72.5	100.0
总计	600	100.0	100.0	

从上表可以看出，72.5%的居民认为现在的改造应该美观与实用并重，也有 25.5%的居民认为应该注重实用。同时在调查员访问过程中反映，居民在选择“美观与实用并重”的答案时更倾向于把这个答案理解为“在实用的基础上考虑美观”。这反映了在目前情况下，大部分居民对改造的要求首先还是强调实用性，同时大部分人认同美观与实用并重的要求。

3.4.2 居民对改造方式的看法

3.4.2.1 对“平改坡”综合改造的看法

居民对平改坡综合改造这种方式的态度见表 3-17。

对小区采取“平改坡”综合改造这种方式的态度　　表 3-17

选　　项	频次	百分比	有效百分比	累积百分比
非常好	61	10.2	10.2	10.2
比较好	296	49.3	49.3	59.5
一般	189	31.5	31.5	91.0
可以采用，但还有更好的方式	50	8.3	8.3	99.3
不好，应该采用其他方式	4	0.7	0.7	100.0
总计	600	100.0	100.0	

3.4.2.2 对综合改造中分项改造方式的看法

对综合改造中分项改造方式的评价见表 3-18～表 3-22。

对房屋改造整修中所采取的改造方式的态度　　表 3-18

选　　项	频次	百分比	有效百分比	累积百分比
非常好	30	5.0	5.0	5.0
比较好	263	43.8	43.8	48.8
一般	171	28.5	28.5	77.3
可以采用，但还有更好的方式	112	18.7	18.7	96.0
不好，应该采用其他方式	24	4.0	4.0	100.0
总计	600	100.0	100.0	

对综合改造中绿地及活动场地所采取的改造方式的态度　　表 3-19

选　　项	频次	百分比	有效百分比	累积百分比
非常好	37	6.1	6.1	6.1
比较好	238	39.7	39.7	45.8
一般	208	34.7	34.7	80.5
可以采用，但还有更好的方式	105	17.5	17.5	98.0
其他	12	2.0	2.0	100.0
总计	600	100.0	100.0	

对综合改造中道路整治所采取的方式的态度　　表 3-20

选　　项	频次	百分比	有效百分比	累积百分比
非常好	22	3.6	3.6	3.6
比较好	283	47.2	47.2	50.8
一般	202	33.7	33.7	84.5
可以采用，但还有更好的方式	84	14.0	14.0	98.5
其他	9	1.5	1.5	100.0
总计	600	100.0	100.0	

对综合改造中公共服务设施改造所采取的方式的态度　　表 3-21

选　　项	频次	百分比	有效百分比	累积百分比
非常好	22	3.7	3.7	3.7
比较好	207	34.5	34.5	38.2
一般	263	43.8	43.8	82.0
可以采用，但还有更好的方式	95	15.8	15.8	97.8
其他	13	2.2	2.2	100.0
总计	600	100.0	100.0	

对综合改造中市政管线设施改造所采取的方式的态度　　表 3-22

选　　项	频次	百分比	有效百分比	累积百分比
非常好	33	5.5	5.5	5.5
比较好	291	48.5	48.5	54.0
一般	145	24.2	24.2	78.2
可以采用，但还有更好的方式	120	20.0	20.0	98.2
其他	11	1.8	1.8	100.0
总计	600	100.0	100.0	

通过分析上面表格，可以得出以下几点：

（1）对于综合改造这种方式来说，有 59.5％的居民认为目前采取的方式“非常好”或“比较好”，也有9.0%的居民对目前的方式提出质疑，应该说居民比较认同“平改坡”综合改造这种方式。

(2) 在对房屋整修、绿化改造、道路整治、公共服务设施以及市政管线改造方式的评价中，居民认为比较好和非常好的比例分别为48.8%，45.8%，50.8%，38.2%，54.0%，虽然没有对“平改坡”综合改造的认同率高，但总的来讲还是持肯定的态度。同时应该看到，对应上面分项，有分别为22.7%，19.5%，15.5%，18.0%，21.8%的居民对改造方式提出质疑，认为应该还有更好的方式可以采用，说明相当一部分居民有自己不同的见解。

3.4.3 居民对改造内容的总体看法

3.4.3.1 对内容的了解程度

从表3-23可以看出，74.3%的居民对“平改坡”综合改造内容了解或了解一部分，但也有超过1/4的居民对改造的内容不了解。

对“平改坡”改造内容的了解程度　　表3-23

选　项	频次	百分比	有效百分比	累积百分比
全部了解	34	5.7	5.7	5.7
了解一些	412	68.6	68.6	74.3
不了解	154	25.7	25.7	100.0
总计	600	100.0	100.0	

3.4.3.2 对整体内容的看法

关于改造的重点，居民认为第一位的是对住宅本身的改造，其次是对室外环境的改造，第三位的是对道路交通设施的改造。见表3-24～表3-26。

小区最急需改造的方面　　表3-24

选　项	频次	百分比	有效百分比	累积百分比
住宅室内布局、住宅立面的改造	270	45.0	45.0	45.0
住宅室外环境、活动场地的改造	184	30.7	30.7	75.7
住宅市政管道设施的改造	70	11.6	11.6	87.3
小区道路和停车设施的改造	39	6.5	6.5	93.8
小区公共活动设施(商店、活动中心)的改造	37	6.2	6.2	100.0
总计	600	100.0	100.0	

3.4.3.3 对住宅改造内容的看法

对住宅的改造，居民更偏向于使用功能的方面，认为室内布局的改造第一，住宅安全第二。见表3-27、表3-28。

小区第二需改造的方面 表3-25

选　　项	频次	百分比	有效百分比	累积百分比
住宅室内布局、住宅立面的改造	66	11.0	11.0	11.0
住宅室外环境、活动场地的改造	196	32.7	32.7	43.7
住宅市政管道设施的改造	161	26.8	26.8	70.5
小区道路和停车设施的改造	122	20.3	20.3	90.8
小区公共活动设施(商店、活动中心)的改造	54	9.0	9.0	99.8
其他	1	0.2	0.2	100.0
总计	600	100.0	100.0	

小区第三需改造的方面 表3-26

选　　项	频次	百分比	有效百分比	累积百分比
住宅室内布局、住宅立面的改造	58	9.6	9.6	9.6
住宅室外环境、活动场地的改造	85	14.2	14.2	23.8
住宅市政管道设施的改造	121	20.2	20.2	44.0
小区道路和停车设施的改造	189	31.5	31.5	75.5
小区公共活动设施(商店、活动中心)的改造	146	24.3	24.3	99.8
其他	1	0.2	0.2	100.0
总计	600	100.0	100.0	

对于住宅的改造，认为最需要改造的方面 表3-27

选　　项	频次	百分比	有效百分比	累积百分比
改造住宅室内布局，使住得更舒服	402	67.0	67.0	67.0
改造住宅立面，使住宅看上去更漂亮	47	7.8	7.8	74.8
改造住宅的管线设施，使住得更方便	72	12.0	12.0	86.8
改造住宅的安保设施，使住得更安全	75	12.5	12.5	99.3
卫生间能排下水管道	4	0.7	0.7	100.0
总计	600	100.0	100.0	

对于住宅的改造，认为第二需要改造的方面 表3-28

选　　项	频次	百分比	有效百分比	累积百分比
改造住宅室内布局适，使住得更舒服	67	11.1	11.1	11.1
改造住宅立面，使住宅看上去更漂亮	100	16.7	16.7	27.8
改造住宅的管线设施，使住得更方便	202	33.7	33.7	61.5
改造住宅的安保设施，使住得更安全	228	38.0	38.0	99.5
卫生间能排下水管道	2	0.3	0.3	99.8
更换厨房间下水管道	1	0.2	0.2	100.0
总计	600	100.0	100.0	

3.4.3.4 对绿化活动场地改造的看法

对绿化活动场地的改造，居民认为绿化整修及小区绿化的修复和补植是第一位的，增加室外活动和健身场地是第二位的。见表 3-29、表 3-30。

认为小区的绿化及活动场地最需要进行改造一方面　　表 3-29

选　项	频次	百分比	有效百分比	累积百分比
增加绿化量	168	28.0	28.0	28.0
绿化整修，小区绿化的修复和补植	266	44.3	44.3	72.3
增加室外活动和健身场地	135	22.5	22.5	94.8
增加室外座椅、遮阳和避雨的设施	29	4.8	4.8	99.6
高大树木应移去	1	0.2	0.2	99.8
道路不能停车	1	0.2	0.2	100.0
总计	600	100.0	100.0	

认为小区的绿化及活动场地第二需要进行改造一方面　　表 3-30

选　项	频次	百分比	有效百分比	累积百分比
增加绿化量	68	11.3	11.3	11.3
绿化整修，小区绿化的修复和补植	130	21.7	21.7	33.0
增加室外活动和健身场地	320	53.3	53.3	86.3
增加室外座椅、遮阳和避雨的设施	81	13.5	13.5	99.8
宠物的卫生管理	1	0.2	0.2	100.0
总计	600	100.0	100.0	

3.4.3.5 对道路交通改造的看法

对于道路交通的改造，居民认为应该着重解决停车的问题，首先是自行车的停放，其次是机动车的停放。同时对路面和出入口的改造也表现出比较高的迫切性。见表 3-31、表 3-32。

认为小区的道路系统最需要进行改造的方面　　表 3-31

选　项	频次	百分比	有效百分比	累积百分比
小区路面、人行道的整修和加宽	217	36.1	36.1	36.1
规范自行车停放，增加自行车停车棚或停车库	247	41.2	41.2	77.3
规范小汽车的停放，增加小汽车的停车位	63	10.5	10.5	87.8
小区出入口的改造	73	12.2	12.2	100.0
总计	600	100.0	100.0	

3.4.3.6 对公共服务设施改造的看法

对公共服务设施的改造，居民认为对小区活动中心的改造是第一位的，对医疗设施的改造是第二位的。见表 3-33、表 3-34。

认为小区的道路系统第二需要进行改造的方面　　表 3-32

选　　项	频次	百分比	有效百分比	累积百分比
小区路面、人行道的整修和加宽	89	14.8	14.9	14.9
规范自行车停放，增加自行车停车棚或停车库	151	25.2	25.2	40.1
规范小汽车的停放，增加小汽车的停车位	190	31.6	31.7	71.8
小区出入口的改造	168	28.0	28.0	99.8
其他	1	0.2	0.2	100.0
小计	599	99.8	100.0	
未填答者	1	0.2		
总计	600	100.0		

认为小区公共设施最需要进行改造的方面　　表 3-33

选　　项	频次	百分比	有效百分比	累积百分比
老年活动中心的改造	128	21.3	21.3	21.3
小区活动中心的改造	204	34.0	34.0	55.3
小区教育设施的改造	30	5.0	5.0	60.3
小区商业设施的改造	123	20.5	20.5	80.8
小区医疗设施改造	94	15.7	15.7	96.5
社区服务中心及居委会办公场所的改造	21	3.5	3.5	100.0
总计	600	100.0	100.0	

认为小区公共设施第二需要进行改造的方面　　表 3-34

选　　项	频次	百分比	有效百分比	累积百分比
老年活动中心的改造	97	16.2	16.2	16.2
小区活动中心的改造	105	17.5	17.5	33.7
小区教育设施的改造	56	9.3	9.3	43.0
小区商业设施的改造	111	18.5	18.5	61.5
小区医疗设施改造	168	28.0	28.0	89.5
社区服务中心及居委会办公场所的改造	62	10.3	10.3	99.8
其他	1	0.2	0.2	100.0
总计	600	100.0	100.0	

3.4.4　居民对改造效果的评价

3.4.4.1　满意度提升的统计

改造后对小区满意度评价变化统计见表 3-35。

对小区改造后满意度评价变化统计　　表 3-35

改造前满意度状况	改造后满意度状况	住宅	道路	绿化	公共服务设施	市政	周边环境	总体状况
很不满意	很满意	0	0	0	0	0	0	0
	较满意	3	9	15	5	12	8	3
	一般	1	8	7	5	7	6	5
	不太满意	6	11	4	6	7	6	5
	很不满意	19	18	15	11	14	10	9
提升所占比重		34.48%	60.87%	63.41%	59.26%	65.00%	66.67%	59.09%
占总比重		6.85%	10.04%	7.67%	8.38%	8.58%	5.80%	3.40%
不太满意	很满意	2	1	4	0	5	2	1
	较满意	31	99	145	39	111	118	101
	一般	40	75	70	63	55	55	102
	不太满意	82	105	66	66	62	57	54
	很不满意	2	4	10	4	3	3	5
提升所占比重		46.50%	61.62%	74.24%	59.30%	72.46%	74.47%	77.57%
占总比重		50.00%	62.72%	64.60%	53.40%	56.44%	50.72%	53.40%
一般	很满意	5	4	10	4	4	12	10
	较满意	50	68	78	56	91	129	149
	一般	227	118	80	185	82	99	108
	不太满意	6	27	14	12	8	16	16
	很不满意	3	2	4	2	2	1	0
提升所占比重		18.90%	32.88%	47.31%	23.17%	50.80%	54.86%	56.18%
占总比重		37.67%	25.81%	25.96%	31.41%	31.35%	40.87%	41.62%
较满意	很满意	8	4	6	13	11	9	6
	较满意	98	32	56	93	92	59	23
	一般	9	7	8	7	18	7	3
	不太满意	3	7	4	8	2	2	0
	很不满意	0	0	1	1	0	0	0
提升所占比重		6.78%	8.00%	8.00%	10.66%	8.94%	11.69%	18.75%
占总比重		5.48%	1.43%	1.77%	6.81%	3.63%	2.61%	1.57%
很满意	很满意	3	0	2	13	7	2	0
	较满意	2	1	1	7	7	1	0
	一般	0	0	0	0	1	0	0
	不太满意	1	0	0	0	0	0	0
	很不满意	0	0	0	0	0	0	0
满意度提升数量		146	279	339	191	303	345	382
所占比重		24.17%	46.50%	56.50%	31.83%	50.50%	57.50%	63.67%

可以看出：

（1）对小区的总体评价方面满意度提升比例是比较高的，有63.67%的受访者认为通过平改坡综合改造，他们对小区的居住环境的总体评价有了提高，但同时从另一个角度来看，也有超过1/3的人，即36.33%的人认为经过平改坡综合改造，他们对小区居住环境的总体评价没有提高。

（2）在分项评价当中，满意度提升的差别是比较大的。其中对住宅改造评价最低，只有24.17%的受访者认为通过改造，他们对住宅的评价有了提高；其次是公共服务设施，认为有提升的占到31.83%；其他几项差别不大，46.50%的受访者认为对道路的满意度有了提升，绿化为56.50%，市政为50.50%，周边环境为57.50%。

3.4.4.2 对生活质量的改善

平改坡综合改造后对生活质量的影响见表3-36，超过3/4的受访者认为改造对他们的生活有改善，也有23.8%的人认为小区的改造对他们生活质量的改善没有提高。

平改坡改造后的生活质量有无改善　　表3-36

选　项	频次	百分比	有效百分比	累积百分比
很大改善	16	2.7	2.7	2.7
较大改善	88	14.7	14.7	17.4
一般性的改善	140	23.3	23.3	40.7
有点改善	213	35.5	35.5	76.2
没有改善	143	23.8	23.8	100.0
总计	600	100.0	100.0	

3.4.4.3 住宅“平顶”改成“坡顶”后对居住生活的改善

见表3-37。

住宅“平顶”改成“坡顶”后对居住生活的改善　　表3-37

选　项	频次	百分比	有效百分比	累积百分比
很大改善	22	3.7	3.7	3.7
较大改善	57	9.5	9.5	13.2
一般性的改善	87	14.5	14.5	27.7
有点改善	99	16.5	16.5	44.2
没有	335	55.8	55.8	100.0
总计	600	100.0	100.0	

55.8%的人认为平顶改成坡顶后对他们的生活没有改善。并且通过对住宅顶层和顶层以下进行分类，可以看到73.5%的顶层住户认为改为坡顶以

后对生活有所改善，而住在顶层以下的住户只有37.4%的比例表示对生活有所改善。见表3-38。

住宅“平顶”改成“坡顶”后对居住生活的改善　　　　表3-38

受访者是否住顶层	受访者居住的楼层		一层	二～三层	四～五层	六层	六层以上	总计	比重(%)
是	平改坡改造后的居住条件有无改善	很大改善		0	4	11	1	16	14.2
		较大改善		0	4	18	0	22	19.5
		一般性的改善		0	3	18	0	21	18.6
		有点改善		0	5	19	0	24	21.2
		没有		1	6	22	1	30	26.5
	总计			1	22	88	2	113	100
否	平改坡改造后的居住条件有无改善	很大改善	1	0	3	0	2	6	1.2
		较大改善	8	14	10	1	2	35	7.2
		一般性的改善	13	35	16	1	1	66	13.6
		有点改善	14	33	27	1	0	75	15.4
		没有	58	143	102	0	2	305	62.6
	总计		94	225	158	3	7	487	100

3.4.4.4　对施工质量的评价

居民对施工质量的总体评价为一般，还有25.5%的居民对施工质量不满意。见表3-39。

是否对小区施工的质量满意　　　　表3-39

选　　项	频次	百分比	有效百分比	累积百分比
满意	70	11.7	11.7	11.7
一般	377	62.8	62.8	74.5
不满意	153	25.5	25.5	100.0
总计	600	100.0	100.0	

3.4.5　参与意愿

居民的参与意愿还是比较高的，88.5%的受访者认为应该积极参加，而且应该在改造规划的初始阶段就应该参加，关于参加所依赖的组织，居委会被认为是最应该被依赖的。问卷中显示，只有1.7%的受访者参与了规划的制定。见表3-40～表3-43。

3.4.6　出资意愿

关于改造费用居民个人是否应负担其中一部分，认为应该和不应该的居民差别不大，选择不应该的比例略高于选择应该的，显示了居民对出资问题的不一致。见表3-44。

居民是否应参与居住区综合改造规划的制定　　表 3-40

选　项	频次	百分比	有效百分比	累积百分比
应该积极参加	265	44.2	44.2	44.2
应该参加，但要看有没有时间	266	44.3	44.3	88.5
无所谓	43	7.2	7.2	95.7
不应该参加，这是政府的事情	26	4.3	4.3	100.0
总计	600	100.0	100.0	

是否参与规划的制定　　表 3-41

选　项	频次	百分比	有效百分比	累积百分比
有	10	1.7	1.7	1.7
没有	590	98.3	98.3	100.0
总计	600	100.0	100.0	

居民应该从哪一个阶段参与规划的制定　　表 3-42

选　项	频次	百分比	有效百分比	累积百分比
改造规划制定前的调研阶段，征询居民的意见	271	45.2	45.2	45.2
改造规划的方案阶段，居民参与讨论方案	164	27.3	27.3	72.5
改造规划的评审阶段，征求居民的意见	70	11.7	11.7	84.2
规划批准之后，让居民了解规划内容	58	9.6	9.6	93.8
改造规划实施阶段，居民监督实施过程	37	6.2	6.2	100.0
总计	600	100.0	100.0	

居民应该采用何种方式参与规划的制定　　表 3-43

选　项	频次	百分比	有效百分比	累积百分比
以个人意见的形式，通过意见箱和电子信箱参与规划	144	24.0	24.0	24.0
通过居委会，有组织地参与到制定规划的过程中	294	49.0	49.0	73.0
居民自发形成，有组织地参与到制定规划的过程中	50	8.3	8.3	81.3
通过聘请专业人士，代表居民参与制定规划的过程中	112	18.7	18.7	100.0
总计	600	100.0	100.0	

小区改造产生的费用居民个人是否应负担其中的一部分　　表 3-44

选　项	频次	百分比	有效百分比	累积百分比
应该的	253	42.2	42.2	42.2
不应该	269	44.8	44.9	87.1
不知道	77	12.8	12.9	100.0
小计	599	99.8	100.0	
未填答者	1	0.2		
总计	600	100.0		

3.5 小　结

通过以上分析，可以在总体上了解居民在旧小区“平改坡”综合改造当中体现出来的意愿，但旧住区居民的想法和需求与改造规划解决的问题产生一定偏差。概括一下有以下几个方面：

（1）关于改造的着眼点。有72.5%的居民认可目前实用和美观相结合的出发点，但有27.5%的居民表示不认可，其中有25.5%的居民认为应该坚持从实用角度出发的观点，2.0%的居民认为应该坚持从美观角度出发的观点。

（2）关于改造的方式。对于综合改造这种方式来说，有59.5%的居民给予积极的评价，同时有9.0%的居民对这种方式提出质疑，应该说居民在总体上比较认同“平改坡”综合改造这种方式。而对于分项的改造方式，在对房屋整修、绿化改造、道路整治、公共服务设施以及市政管线改造方式的评价中，居民给予积极评价的比例分别为48.8%，45.8%，50.8%，38.2%，54.0%，同时，对应上面分项，有分别为22.7%，19.5%，15.5%，18.0%，21.8%的居民对改造方式提出质疑，认为应该还有更好的方式可以采用，说明相当一部分居民对具体的改造方式有自己不同的见解，认为采取的方式不能代表自己的意愿。

（3）关于改造内容。从总体上讲，目前改造的三项内容：房屋整修、优化环境、完善配套，涵盖了居民目前最急需改造的内容，应该说改造的内容从总体上符合居民的需要。但如果把内容细分一下，主要存在以下偏差：对于房屋整修来说，居民更注重住宅内部的改造，而关于住宅形象的立面的改造，居民认为不是最重要的，这个答案也可以用来回答居民对住宅加坡屋顶做法的认可程度；对于绿化活动场地和道路交通的整治内容，与居民需求的改造内容相一致；对于公共服务设施，由于空间、资金以及技术等方面的限制，在小区的改造当中涉及较少，因此基本上不能满足居民的需求。

（4）关于改造的结果。有63.67%的受访者认可改造对改善整体居住环境的作用，认为通过平改坡综合改造，他们对小区的居住环境的满意度有了提高；也有36.33%的受访者表示不认可，认为经过平改坡综合改造，他们对小区居住环境的满意度没有提高，在这其中还有4.0%的受访者甚至表示满意度有了下降。在分项评价当中，对住宅改造效果的认可程度最低，只有24.17%的受访者认为通过改造，他们对住宅的满意度有了提高，也有4.4%的受访者表示满意度下降；其次是公共服务设施，满意度提升的比例是31.83%，下降的比例是6.9%；其他几项满意度变化的差别不大，按照满意度提升和降低的顺序，道路为46.50%和8.0%，绿化为56.50%和7.0%，市政设施为50.50%和6.7%，周边环境为57.50%和4.7%。换一个角度进行考察，关于改造小区整体居住环境对生活质量提升的作用，超过3/4，即76.2%的受访者表示认可，也有23.8%的人不认可，认为改造对他们生活质量的改善没有提升作用。关于对住宅加坡屋顶的效果，44.2%的受访者认可改造的效果，认为通过加顶对他们居住生活质量有改善，另外55.8%的受访者不认可改造的效果，并且通过对住宅顶层和顶层以下进行分类，可以看到73.5%的顶层住户认为改为坡顶以后对生活有所改善，而住在顶层以下的住户只有37.4%的比例表示对生活有所改善。关于施工质量，居民的总体评价为一般，还有25.5%的居民不认可施工的效果，对施工质量不满意。

（5）关于参与的意愿。居民体现出非常高的参与意愿，88.5%的受访者认为应该积极参加改造规划的制定，但事实上，从问卷中显示的结果来看，只有1.7%的受访者参与了规划的制定。规划的参与意愿基本没有得到满足。

（6）关于出资的意愿。关于改造费用居民个人是否应负担其中一部分，认为应该和不应该的居民差别不大，选择不应该的比例略高于选择应该的，显示了居民对出资问题存在较大的分歧。

第 4 章　居民意愿的影响因素

在第 3 章的分析当中，初步验证了旧住宅区居民的想法和需求与改造规划解决的问题产生一定的偏差。这一章的任务是将问卷的统计通过数据分析的方法进行细化，结合对理论和社会发展背景的分析，找出影响居民意愿的因素。

在下面的分析中，首先着眼于实证分析，通过数据的处理来发现影响居民意愿的表面因素；其次通过理论和社会背景的研究来揭示影响居民意愿的根本原因。

在这里想强调一点，就是在进一步的实证分析当中，其中的一个着眼点是验证一下过程与结果的关系：即居民是否因为对过程的参与而促进了对结果的认同，主要是为了证明过程的有效性。因为如果过程对结果没有影响的话，那么居民就不需要介入到过程当中去，居民的参与就没有必要了。

4.1　改造内容体现出的问题

4.1.1　居民对改造内容的要求

4.1.1.1　住宅改造的首要性要求

分析居民对改造内容的要求，由于个体差异的存在，可能会显得无从下手。在这里，我们用马斯洛（A. H. Maslow）的“需求层次论”来分析居民对改造内容的要求，问题可能会更清楚一点。马斯洛的“需求层次论”认为：人们普遍具有五种基本需求，而且是有层次的[1]：

第一层次，生理需求，包括维持生活所必需的各种物质的需要，如衣食住行等；生理上的需要是人们最原始、最基本的需要。它是最强烈的不可避免的最底层需要，也是推动人们行动的强大动力。

第二层次，安全需求，如生活有保障、不会失业，没有威胁人身安全的因素等；安全的需要包括物质上的，经济上的以及心理上的。安全需要比生理需要较高一级，当生理需要得到满足以后就要保障这种需要。

第三层次，感情和归属上的需求，社交需求，爱、交往和友谊等。

1　参见网址（查阅日期：2005. 09. 18）：http：//www. zgxl. net/cptoday/manage/jljz/xyccll. htm.

第四层次，尊严需求，需要被尊敬、也需要自尊以及地位和名誉的需求等；尊重的需要可分为自尊、他尊和权力欲三类，包括自我尊重、自我评价以及尊重别人。这种需要一旦成为推动力，就将会令人具有持久的干劲。

第五层次，自我实现需求，即要尽量的发挥自己的能力，使自己生活有意义、有抱负。自我实现的需要是最高等级的需要。这是一种创造的需要。

马斯洛认为人们一般是按照这样的层次来追求需要的，即至少前一层次得到部分满足后，下一层的需求才变为迫切的主导需要，他指出要有顺序地按着层次进行激励才会获得好的效果。在高层次的需要充分出现之前，低层次的需要必须得到适当的满足。同时任何一种需要并不因为下一个高层次需要的发展而消失，各层次的需要相互依赖与重叠，高层次的需要发展后，低层次的需要仍然存在，只是对行为影响的比重减轻而已。

在本次问卷调查中也验证了马斯洛的需求理论，正如第3章问卷统计显示，对于整体内容来讲，居民最关心的还是住宅本身的改造；而对于住宅本身来讲，居民最关心的是室内布局的合理调整，以达到改善基本居住条件的目的。在进一步的交互分析中可以发现，关于这两个答案的选择不受受访者自然属性（性别、年龄）、社会属性（学历、收入水平）以及居住条件（面积、户型、楼层、区位）的影响，这也在一个侧面验证了马斯洛的需求层次理论，即关于满足最基本居住需求的住宅改造是居民最关心的。见表4-1、表4-2。

小区最急需改造的方面 **表4-1**

选　项	频次	百分比	有效百分比	累积百分比
住宅室内布局、住宅立面的改造	270	45.0	45.0	45.0
住宅室外环境、活动场地的改造	184	30.7	30.7	75.7
住宅市政管道设施的改造	70	11.6	11.6	87.3
小区道路和停车设施的改造	39	6.5	6.5	93.8
小区公共活动设施的改造	37	6.2	6.2	100.0
总计	600	100.0	100.0	

4.1.1.2　全面改造的必要性要求

当前改造的旧小区都是计划经济条件下的产物，其产生有深刻的社会背景。在当前市场经济条件下，我们用需求理论来考察旧住宅区的演变过程，可以帮助我们看清居民需求的变化，可以帮助找出居民的需求重点。

1. 计划经济条件下居住小区满足了居民的需求层次

客观地说，计划经济条件下大量建设的公房小区曾经极大地改善了居民的居住条件，在我国的住宅发展史上发挥了非常重要的作用。用马斯洛的“需求层次论”解释当时的居住状况，可以看出当时公房小区的代表性。

分地区对小区改造内容的选择　　表 4-2

内容	地区	选项	住宅改造	室外环境改造	市政设施改造	道路停车设施改造	公共活动设施改造	总体
小区最急需改造的方面	杨浦区	占本地区(%)	37.7%	22.1%	24.6%	9.0%	6.6%	100.0%
	虹口区	占本地区(%)	53.0%	38.6%	4.8%	1.2%	2.4%	100.0%
	普陀区	占本地区(%)	40.8%	18.3%	1.4%	7.0%	32.5%	100.0%
	闸北区	占本地区(%)	46.0%	33.0%	9.7%	11.3%	0.0%	100.0%
	静安区	占本地区(%)	58.8%	27.9%	4.5%	5.9%	2.9%	100.0%
	长宁区	占本地区(%)	40.6%	32.8%	26.6%	0.0%	0.0%	100.0%
	合计	占总体(%)	45.0%	30.7%	11.7%	6.5%	6.1%	100.0%

首先，从破旧不堪的棚户区搬到相对较大的面积、功能分区合理、整齐划一的小区，极大地改善了居住条件。住宅的面积虽然不大，20 世纪 50 年代为 30～35m^2/户，20 世纪 70 年代初为 36～39m^2/户，后来增加到 40～45m^2/户[1]，但已经开始有了功能划分，并且有相对齐全的卫生设施，对于计划经济年代相对较低的收入水平来讲，已经是非常好的居住条件了，公房小区满足了当时的居民的“基本生理需求”。

其次，虽然当时还谈不上物业管理，但由于单位制分配住房体制造成了居住邻里熟悉的客观现实，并且在当时“学雷锋”[2] 等社会运动影响下形成的见义勇为的社会风气，住宅的安全问题因为人与人之间相对熟悉的邻里关系以及崇尚的“集体主义”迎刃而解。同时，单位制的就业形式也将几乎所有的人员吸纳进去，居住在公房小区的居民必然享受着就业的“安全”。因此，入住公房小区意味着“居住”与“就业”的双重安全。

第三，熟悉的邻里关系，以及以单位为特点的相对集中的居住布置有利于形成归属感。计划经济下单位制和以公房小区为特点的居住方式之间，是有某种协调性的。国营单位中具有强烈的“公有”气氛，而居民邻里之间也存在“共享”的氛围，相辅相成，人们在观念上也倾向于“共有”的感觉。这种“公有、共享、共有”的感觉，实际上与社会学中“社区”（community）的意识很接近。社区的含义就是“共同的”、“一起的”、“共享的”。小区的住户，彼此了解，有什么事务，大家都是一种责任感，要一起去解决，而非“各扫自家门前雪”的分离状态。这种意识，在传统邻里关系中早就存在，同时在计划经济下，有时候还得到了加强（费孝

1 参见王文忠，毛佳梁，张洁等著.《上海 21 世纪初的住宅建设发展战略》. 上海：学林出版社，2000.

2 计划经济条件下“学雷锋”似乎是一种风气，不管是因为宣传的效果还是自发的行为，在事实上对整个社会的健康发展营造了很好的氛围。

通，2002）。

最后，入住公房小区，在那个年代就是地位和名誉的象征，也是对个人实现的需求在居住空间上的一种表现。翻看上海档案馆关于20世纪50年代曹杨新村的记载，可以清楚地看出当时工人、新村居民的自豪感[1]：

“一搬来，门牌是180号，一个门牌是6户，从一舍到六舍，当时只有二层，到61年两层再加到三层，那么，我们搬来时，其他新村都没有，就是我们曹杨一村。都是评先进工作者、劳动模范，没有这个标准不能搬进来，像我们厂几千人，我们只评了六家，六户人家住进来。”（赵爱英，82岁曹杨新村第一任文化站站长）

“我们前一排就是国棉一厂的，第二排就是国棉二厂的，一直排下来，在几千人里挑出来。”（王洪禄，83岁国棉一厂退休职工）

“……他们这个阶层是代表着当时社会的一个领导阶层，他们具有象征性的意义，对整个上海，甚至是对整个中国，他们的存在，他们的一种处境，他们的生活状况，都具有相当大的程度上的象征性。”张闳若有所思地说。

在那样的“大建设”中，陆阿狗、杨富珍、裔式娟等来自上海各家工厂的劳模、先进工作者，曾“世世代代住在道路泥泞、空气浑浊、没有水电设备的棚户区”的人们，开始了“像做梦一样”的幸福生活。

赵爱英笑着回忆说：“一搬来，都是敲锣打鼓，戴大红花，很大的喜事，放鞭炮，很开心。”

王洪禄也沉浸在回忆中：“样样都是新的，灶头间弄得好好的，什么都弄得好好的，墙都是白的，窗子是红的，楼底下是石板的，楼上就是地板的，楼梯都是地板的，那时候，来之前，想也想不到，做梦也想不到，睡觉都要笑醒。”

邵森（82岁101厂退休职工）不无得意地说：“亲眷们都羡慕，亲戚们说，哎呀，这个房子好的啦，因为他们住的没有这么好，地板滑的溜——所以，以前有首歌唱的：红屋顶，石子路铺得平（高兴地唱了起来）。”

应该说，在特定的计划经济条件下、特殊分配体制下产生的有中国特色的公房小区，满足了当时居民的需求，以“平均主义”为特点的住房满足了当时条件下的居民需求，并且涵盖了居民需求的五个层次。

2. 当前公房小区居住标准与现实的差距

改革开放特别是20世纪90年代以来，在经济的快速发展、经济体制逐步向市场经济体制转型的背景下，我国开始了社会结构的转型。市场导向的改革打破了计划经济体制下形成的城市利益格局，在给城市注入生动活力的

1　参见网页（查阅日期：2005.09.18）：http：//cul.sina.com.cn/l/a/2003-07-09/37865.html.

同时也导致城市社会不断分化，城市阶层开始出现[1]。由于长期以来我国实行广就业、低工资政策和城乡二元经济及管理体制，城市形成了几近均等的社会结构，社会矛盾不突出。20 世纪 70 年代的基尼系数只有 0.20[2]，近些年来的基尼系数已经超过了 0.5[3]。城市阶层分化在空间上的表现之一就是邻里社区的分化。随着市场经济的深入展开，住宅的供给方式发生了很大的变化，王颖（2002）将现有的城市邻里社区分为五种类型，即传统街坊社区、单位公房社区、高收入商品房社区、中低收入商品房社区以及社会边缘化社区。商品房社区主要承载城市中高收入群体，而中低收入群体主要集聚在其他三种类型的邻里社区当中。在当前中国城市特别是特大城市中，设施齐全的、高档的邻里社区与简陋的、破旧的邻里社区并存，强势群体与弱势群体并存，新城市贫困现象在特定城市地域的显现，社会空间的分化已经成为当今城市居民日常体验的城市印象，这也导致了社会公平问题是目前的一个焦点问题。

随着市场经济的深入展开，市场的住房供给模式发生了很大的变化，公房小区作为一个时代的产物逐渐隐没在众多的住房类型当中。计划经济条件下形成的公房小区对于居住在其中的居民来说，其意义发生了很大的变化，用马斯洛的“需求层次论”来解释一下，可以清楚地发现与以前的差异。

首先，随着 20 世纪末期全国整体跨入小康社会[4]，小康住宅的标准随之产生[5]，功能细化、多样化。而从本次调查的小区情况来看，户均面积只有 45.17m²，一室户（一室一厅）占到 29.0%，两室户（两室一厅）占到 64.0%，并且因为当时面积标准较低，室内布局有很多不合理的地方，公房小区的住房标准与日益提高的居住标准相比，距离越来越大。公房小区提供的居住条件已经不能满足居民的“基本生理需求”。

其次，关于住宅的安全问题，由于公房小区物业管理收费低，相应的服务跟不上，很多小区治安条件不理想[6]。单位制的解体，职业特征发生了很大变化，由以前相对单一的就业单位变成多样化的就业格局。人际关系淡

---

1 中国社科院 2001 年发布报告，将中国社会划分为十大阶层，包括：国家与社会管理阶层、经理阶层、产业工人阶层、农业劳动者阶层、私营企业主阶层、专业技术人员阶层、办事人员阶层、个体工商户阶层、商业服务人员阶层和城市无业、失业和半失业阶层。

2 参见网页（查询日期：2005.09.19）：http：//www.china.org.cn/chinese/PI-c/104992.htm.

3 参见网页（查询日期：2005.09.19）：http：//www.usc.cuhk.edu.hk/wk_wzdetails.asp？id=3724.

4 2000 年江泽民同志在中国共产党十五大报告指出中国已在整体上跨入小康社会，下一步的目标就是实现全面小康社会。

5 参见网页（查询日期：2005.09.19）：http：//www.hljic.gov.cn/hgjj/hjw_arti.asp？Index=181.

6 近几年，诸多的媒体介绍在公房小区发生的治安事件远远高于有优质物业管理的商品房小区。

化，从本次调查来看，经常交往的居民只占43.0%的比重（见表4-3），超过1/3的受访者认为邻里间的交往无所谓或没有必要，崇尚个人主义以及居住的私密性使得以前形成的“集体主义安全网络”逐渐消失（见表4-4）。小区布局方面由于许多小区公共服务设施在中心布置的方式也给小区的安全造成隐患。同时，受访者的失业率较高，达到12.5%（见表4-5），生存安全也成为不得不面对的一个问题。市场经济条件下公房小区的居住安全性变差。

不同地区邻居交往情况　　表4-3

地　区	与邻居有无来往			总计
	经常有	偶尔有	没有	
杨浦区	56.6%	28.7%	14.7%	100.0%
虹口区	20.5%	50.6%	28.9%	100.0%
普陀区	74.6%	23.9%	1.5%	100.0%
闸北区	60.5%	33.1%	6.4%	100.0%
静安区	22.0%	64.0%	14.0%	100.0%
长宁区	21.9%	64.1%	14.0%	100.0%
总计	43.0%	43.8%	13.2%	100.0%

不同地区交往必要性调查　　表4-4

地　区	有无与邻居交往的必要			总计
	有必要	无所谓	没有必要	
杨浦区	78.7%	15.6%	5.7%	100.0%
虹口区	44.6%	53.0%	2.4%	100.0%
普陀区	80.3%	18.3%	1.4%	100.0%
闸北区	75.8%	20.2%	4.0%	100.0%
静安区	55.1%	36.0%	8.9%	100.0%
长宁区	51.6%	37.5%	10.9%	100.0%
总计	65.3%	29.0%	5.7%	100.0%

不同地区对小区有无感情调查　　表4-5

地　区	是否对小区有感情			总计
	有	没有	不好说	
杨浦区	61.5%	4.1%	34.4%	100.0%
虹口区	41.0%	45.8%	13.2%	100.0%
普陀区	81.7%	2.8%	15.5%	100.0%
闸北区	69.4%	6.5%	24.1%	100.0%
静安区	41.2%	14.0%	44.8%	100.0%
长宁区	34.4%	23.4%	42.2%	100.0%
总计	55.2%	14.5%	30.3%	100.0%

第三，淡漠的邻里关系，职业的多样化，以及缺乏单位制条件下的聚集效应，居民归属感差，与小区有感情的只占到55.2%（见表4-5）。在崇尚私密性的条件下，交往的场所变成了室外空间。而同时随着交通方式的变化，机动车和助动车的增加（见表4-6），同时挤压室外空间，使得本不宽敞的室外空间变得更小，反过来影响了居民的交往。

家庭交通工具状况 **表4-6**

交通工具	频次	占填答总数(%)
小汽车	15	3.1
助动车和摩托车	87	18.1
自行车	377	78.6
其他	1	0.2
总计	480	99.9

最后，变化最大的是曾经拥有的自豪感的丧失，即使经过改造，也只有42.5%的受访者觉得向他人介绍自己社区时有自豪感（见表4-7），也只有36%的居民对小区的发展有信心（见表4-8）。

不同地区的小区居民自豪感状况 **表4-7**

地区	向他人介绍自己社区时，是否有自豪感				总计
	很自豪	有点自豪	没什么感觉	感觉有点难过	
杨浦区	3.3%	32.8%	60.7%	3.2%	100.0%
虹口区	0.0%	26.5%	72.3%	1.2%	100.0%
普陀区	5.6%	77.5%	16.9%	0.0%	100.0%
闸北区	10.5%	46.8%	37.9%	4.8%	100.0%
静安区	0.7%	25.7%	64.7%	8.9%	100.0%
长宁区	6.3%	29.7%	60.9%	3.1%	100.0%
总计	4.3%	38.2%	53.3%	4.2%	100.0%

不同地区的小区居民发展信心状况 **表4-8**

地区	对小区的发展有无信心			总计
	有信心	很难说	没有信心	
杨浦区	39.3%	50.0%	10.7%	100.0%
虹口区	18.1%	61.4%	20.5%	100.0%
普陀区	56.3%	38.0%	5.7%	100.0%
闸北区	52.4%	37.9%	9.7%	100.0%
静安区	22.8%	61.0%	16.2%	100.0%
长宁区	26.6%	32.8%	40.6%	100.0%
总计	36.0%	48.3%	15.7%	100.0%

因此，从现实的角度去分析公房小区，发现对应马斯洛的“需求层次论”，公房提供的需求基础存在缺失情况，不难理解在“需求”的“保健因素”得不到满足的情况下，“需求”的“激励因素”也得不到体现。

3. 全面的差距要求进行综合的改造

通过上述分析我们可以清楚地看到旧住宅区对于居民来讲发生的变化，有两点启示：

（1）物质环境的变化要求旧住宅区进行全面改造

旧住宅区中的不足有两种产生原因。

一种产生于住区的形成阶段，因规划、建设和管理上的缺陷而造成住区“先天不足”。规划上缺乏整体的统筹安排，管理上缺乏综合协调机制，导致住区内功能无法完善，设施配套不足，整体居住环境质量较差。

另一种产生于住区的发展阶段，即相对静止的物质环境不能适应居民不断变化的居住需求。新中国成立后很长一段时间，由于急于解决城市住宅的数量需求，加上经济条件上的制约，建设的标准较低，如住宅户均面积、道路宽度、停车等问题。并且，随着使用年限的增长，这些旧住区发生了物质减耗、功能衰退、设施老化等状况。

社会的发展造成旧住宅区全面的差距，从提高居民生活水平的角度，要求对旧住宅区进行全面的更新改造。这不仅仅反映了居民的愿望，这也是社会发展对改造提出的客观要求。

（2）现实生活的变化对旧住宅区的发展提出新的要求

旧住宅区的改造是为了改善居民的生活，最终目的是解决旧住宅区健康发展的问题。旧住宅区的改造不仅仅涉及物质环境方面，其他方面的变化也要求非物质的改造手段来配合，手段之间的相互配合才能真正做到综合改造。

同时，一方面随着生活水平的提高，居民的要求发生着变化；另一方面，社会变迁过程中出现的新的现象也是不得不面对的一个事实，新旧事物的更替虽然是一个规律，但在变迁过程中如何能够“扬长避短”、“取其精华、去其糟粕”，也是在事物发展过程中应该仔细考虑的事情。

4.1.1.3 改造内容的多样性要求

1. 需求的特征性[1]

第一，对象性。人的需要不是空洞的，而是有目的、有对象的，而且也随着满足需要的对象的扩大而发展。

第二，阶段性。人的需要是随着年龄、时期的不同而发展变化的。也就

1 参见网址（查阅日期：2005.09.18）：http：//www.zgxl.net/cptoday/manage/jljz/xyccll.htm。

是说个体在发展的不同时期，需要的特点也不同。

第三，社会制约性。人的需要具有社会性和历史与阶级的制约性。

第四，独特性。人与人之间的需要既有共同性，又有独特性。

2. 居民对现状评价的差异性

当前纳入到改造中的旧小区大多建于20世纪七八十年代，基本都有20年左右的历史。客观上讲，由于小区当时隶属的单位不同、居民素质的不同，客观上形成管理水平参差不齐、日常维护水平的差异，经过长时间的发展演变，必然形成不同的现状环境；而从主观上讲，由于所处区位及周边条件的不同以及居民本身对物质环境判断的差异，必然造成居民对旧小区评价的不同。统计中也证实了以上推断，从表4-9可以看出，在总体评价中，不满意度最高的是杨浦区，达到83.6%，而普陀区只有21.1%。其他分项也表现出非常大的差异。

不同地区对平改坡前小区的评价 **表4-9**

类别	选项	很满意	较满意	一般	不太满意	很不满意	总体
总体评价	杨浦区	—	7.4%	9.0%	74.6%	9.0%	100.0%
	虹口区	—	4.8%	67.5%	26.5%	1.2%	100.0%
	普陀区	—	1.4%	77.5%	19.7%	1.4%	100.0%
	闸北区	—	4.8%	42.7%	50.8%	1.7%	100.0%
	静安区	—	8.1%	50.0%	37.5%	4.4%	100.0%
	长宁区	—	1.6%	62.5%	34.4%	1.5%	100.0%
	总计	—	5.3%	47.2%	43.8%	3.7%	100.0%
住宅	杨浦区	0.0%	10.7%	4.9%	70.5%	13.9%	100.0%
	虹口区	0.0%	13.3%	55.4%	22.9%	8.4%	100.0%
	普陀区	0.0%	11.3%	56.3%	29.6%	2.8%	100.0%
	闸北区	0.0%	5.6%	29.0%	60.5%	4.9%	100.0%
	静安区	0.7%	7.4%	40.4%	42.6%	8.9%	100.0%
	长宁区	0.0%	1.6%	56.3%	39.1%	3.0%	100.0%
	总计	0.2%	8.3%	36.5%	47.3%	7.7%	100.0%
绿地活动场地	杨浦区	0.0%	9.0%	3.3%	72.1%	15.6%	100.0%
	虹口区	0.0%	9.6%	37.3%	44.6%	8.5%	100.0%
	普陀区	1.4%	38.0%	36.6%	22.5%	1.5%	100.0%
	闸北区	0.0%	7.3%	28.2%	60.5%	4.0%	100.0%
	静安区	1.5%	14.0%	50.7%	30.1%	3.7%	100.0%
	长宁区	0.0%	1.6%	32.8%	59.4%	6.2%	100.0%
	总计	0.5%	12.5%	31.0%	49.2%	6.8%	100.0%

续表

类别	选项	很满意	较满意	一般	不太满意	很不满意	总体
道路交通	杨浦区	0.0%	10.7%	4.9%	70.5%	13.9%	100.0%
	虹口区	0.0%	13.3%	55.4%	22.9%	8.4%	100.0%
	普陀区	0.0%	11.3%	56.3%	29.6%	2.8%	100.0%
	闸北区	0.0%	5.6%	29.0%	60.5%	4.9%	100.0%
	静安区	0.7%	7.4%	40.4%	42.6%	8.9%	100.0%
	长宁区	0.0%	1.6%	56.3%	39.1%	3.0%	100.0%
	总计	0.2%	8.3%	36.5%	47.3%	7.7%	100.0%
公共服务设施	杨浦区	0.0%	18.0%	14.8%	56.6%	10.6%	100.0%
	虹口区	20.5%	56.6%	18.1%	3.6%	1.2%	100.0%
	普陀区	0.0%	5.6%	66.2%	28.2%	0.0%	100.0%
	闸北区	1.6%	8.9%	69.4%	18.5%	1.6%	100.0%
	静安区	0.7%	27.9%	56.6%	13.2%	1.6%	100.0%
	长宁区	0.0%	0.0%	25.0%	60.9%	14.1%	100.0%
	总计	3.3%	20.3%	43.2%	28.7%	4.5%	100.0%
市政管线设施改造	杨浦区	0.0%	9.8%	3.3%	65.6%	21.3%	100.0%
	虹口区	15.7%	60.2%	8.4%	13.3%	2.4%	100.0%
	普陀区	1.4%	28.2%	53.5%	16.9%	0.0%	100.0%
	闸北区	0.0%	8.1%	29.0%	58.1%	4.8%	100.0%
	静安区	0.0%	20.6%	49.3%	27.2%	2.9%	100.0%
	长宁区	0.0%	4.7%	54.7%	37.5%	3.1%	100.0%
	总计	2.3%	20.5%	31.2%	39.3%	6.7%	100.0%

3. 对改造内容多样性的要求

结合需求的特征性，站在居民角度，从改善居民生活的出发，改造内容在全面覆盖的基础上应该重点突出，根据居民需要，重点解决居民不满意的地方，做到因地制宜；对于居民比较满意的地方，少做改进即可。这就要求改造的内容有相对较大的灵活性和较广的覆盖面。

从表 4-10 数据分析报告中也可以看到，在选择改造内容方面，除了受访者对首要改造内容住宅的选择较为一致以外，对内容的选择呈现出多样性的选择趋势。要求应该有多样性的改造内容和措施在应对不同的情况。

4.1.1.4 改造内容的兼顾性要求

根据需求理论的解释，基本需求逐级递增效果才好，反映到改造内容上，就体现为“实用第一，美观兼顾”，即形成“实用与美观相结合”的原则。

不同地区居民对小区改造内容的选择　　表 4-10

内容	地区	选项	住宅改造	室外环境改造	市政设施改造	道路停车设施改造	公共活动设施改造	总体
小区最急需改造的方面	杨浦区	占本地区(%)	37.7	22.1	24.6	9.0	6.6	100.0
	虹口区	占本地区(%)	53.0	38.6	4.8	1.2	2.4	100.0
	普陀区	占本地区(%)	40.8	18.3	1.4	7.0	32.5	100.0
	闸北区	占本地区(%)	46.0	33.1	9.7	11.2	0.0	100.0
	静安区	占本地区(%)	58.8	27.9	4.5	5.9	2.9	100.0
	长宁区	占本地区(%)	40.6	32.8	26.6	0.0	0.0	100.0
	总计	占总体(%)	45.0	30.7	11.7	6.5	6.1	100.0
小区第二急需改造的方面	杨浦区	占本地区(%)	5.7	34.4	32.0	13.9	13.0	100.0
	虹口区	占本地区(%)	10.8	36.1	24.1	25.3	3.7	100.0
	普陀区	占本地区(%)	18.3	36.6	18.3	11.3	15.5	100.0
	闸北区	占本地区(%)	14.5	29.0	28.2	22.6	5.7	100.0
	静安区	占本地区(%)	11.0	35.3	26.5	19.9	7.3	100.0
	长宁区	占本地区(%)	6.3	21.9	28.1	32.8	10.9	100.0
	总计	占总体(%)	11.0	32.7	26.8	20.5	9.0	100.0
小区最急需改造的方面	杨浦区	占本地区(%)	7.4	12.3	22.1	27.0	31.2	100.0
	虹口区	占本地区(%)	12.0	6.0	10.8	39.8	31.4	100.0
	普陀区	占本地区(%)	8.5	14.1	14.1	28.2	35.1	100.0
	闸北区	占本地区(%)	11.3	17.7	18.5	33.1	19.4	100.0
	静安区	占本地区(%)	9.6	14.0	20.6	41.9	13.9	100.0
	长宁区	占本地区(%)	9.4	21.9	37.5	7.8	23.4	100.0
	总计	占总体(%)	9.7	14.2	20.2	31.5	24.4	100.0

关于对改造原则的选择，在进一步的交互分析中发现，关于这个问题的回答还是显示出高度的一致性，关于这个答案的选择不受受访者自然属性（性别、年龄）、社会属性（学历、收入水平）以及居住条件（面积、户型、楼层、区位）的影响。

主要有两个倾向性的选择：大部分居民认为现在的改造应该美观与实用并重，还有小部分居民认为应该注重实用。同时在调查员访问过程中反映，居民在选择“美观与实用”并重的答案时更倾向于把这个答案理解为“在实用的基础上考虑美观”。这反映了在目前情况下，大部分居民对改造的要求首先还是强调实用性，同时大部分人认同美观与实用并重的要求。

居民对改造原则表达的意愿要求改造内容应该首先具有实用的价值，在此基础上产生美观的效果。反过来说，美观而不实用的内容不能体现居民的意愿。见表 4-11。

不同地区居民对旧区改造侧重点调查　　表 4-11

选项		美观	实用	美观和实用并重	总体
杨浦区	占本地区(%)	0.0	38.5	61.5	100.0
虹口区	占本地区(%)	0.0	28.9	71.1	100.0
普陀区	占本地区(%)	0.0	22.5	77.5	100.0
闸北区	占本地区(%)	4.8	16.1	79.1	100.0
静安区	占本地区(%)	4.4	32.4	63.2	100.0
长宁区	占本地区(%)	0.0	3.1	96.9	100.0
总计	占总体(%)	2.0	25.5	72.5	100.0

4.1.2　当前改造内容存在的问题

4.1.2.1　住宅改造内容不能充分体现改善“基本居住需求”的重点

按照马斯洛的理论，对于人的需求满足来说，要有顺序地按着层次进行激励才会获得好的效果。在高层次的需要充分出现之前，低层次的需要必须得到适当的满足。

正如前面分析，既然目前居住的基本需求没有得到满足，那么居民最需要的是对这方面的内容进行改造。从改造内容的字面意思理解，“房屋整修”只是对居民的住房进行整理和修缮。从实际改造内容来看，对住宅本身的改造包括住宅立面的整修、屋顶的增加、楼道的整修以及市政设施的改造，虽然这在很大程度上改善了住宅的外观、改进了住宅的设施，但基本上没有涉及住宅内部空间的改造，没有包括改善“基本居住需求”的那一部分，没有在根本上采取相应的措施解决居民最为关心的住宅内部空间改造问题。

4.1.2.2　居民的有些需求还不能通过当前的改造得到满足

既然是综合改造，那么应该涉及居民生活的方方面面，但从改造的内容来看，有两方面的内容没有得到有效的体现。

一个是关于公共服务设施改造的内容。随着生活水平的提高，居住生活的要求也越来越高。一方面对商业服务的要求提高，另一方面由于闲暇时间越来越多，并且由于旧住宅区居民过早退休现象较为普遍[1]，或者因为其他原因不在岗，对文化设施的要求也呈现出越来越高的趋势。旧小区的建设背景决定了公共服务设施与现在的要求相差较远，但由于当前的改造着眼于小区本身，而许多公共服务设施的配置要上升到社区的层面才能解决，着眼于点的做法在根本上不能解决居民这方面的需求。

另一个是关于空间拓展的内容。事实上，居民的需求与空间是紧密相连的，特别是因为社会变迁所产生的新的需求需要空间的拓展来支撑，诸如居

1　受访者离退休的比例占到 36.8%，加上失业或其他原因不在岗的受访者，总共有 51.5%的比例赋闲在家。

住空间、设施空间以及活动空间等。而从本次改造所采取的形式来看，由于针对空间的改造主要基于“整治”的理念，针对需求“量”的问题没有很好的解决，就造成了在需求满足方面的捉襟见肘。同时，新增加的一些功能需求在客观上进一步侵占了原有的空间，如在小区增加地面停车位，这就造成了原本就不宽裕的居住空间不得不进一步受到挤压。

4.1.2.3 住宅改造内容不能充分体现居民多样性的要求

虽然改造内容已经涉及了旧住宅区的方方面面，但由于改造内容相对固定，且采取了类似“菜单式”的改造内容，但不同地区、不同属性的居民要求不同，改造内容不能充分满足居民多样性的需求，居民可选择的余地有限，这就限制了改造内容所起的作用。

4.1.2.4 改造中出现的美观与实用之间的矛盾

虽然在改造中坚持“实用与美观”相结合的原则，但实际上存在实用与美观脱节的现象，而且这也是居民反映最多的一个方面。

在调查和访谈中发现，居民反映最大的是关于住宅“加顶”这项改造内容。应该说在实际的使用中，“坡顶”的形象意义要高于实际意义，如表3-38所示，超过一半（55.8%）的受访者认为平顶改成坡顶后对他们的居住条件没有改善。并且通过对住宅顶层和顶层以下进行分类可以看出，即使是受益最多的顶层住户来讲，仍然有26.5%的受访者认为通过加顶这种形式，没有对他们的居住条件有所改善。而且在调查员访谈过程中反映，顶层住户认为加顶对他们生活所带来的改善也仅仅限于隔热和防漏两方面，而且许多居民反映这些问题仍然没有得到很好得解决，同时带来了其他的一些问题，如坡顶的排水问题，屋顶的材料问题等。因此，从增加“坡顶”这项内容来讲，对于居民来讲，它更重要的是一种形象意义，而不是一种使用上的意义。

在访谈中还有居民反映，对住宅的改造过分注重立面的修饰，对关系日常使用中改造内容不够重视，导致对住宅的改造在很大程度上成为“旧小区当中的形象工程”[1]。

4.1.3 改造规划体现出的问题

主要有以下几个方面：

（1）设计上的问题。美观与实用出现的问题在一定程度上是因为设计本身存在不合理之处，注重美观的同时忽略了实用对居民生活的重要性。

（2）规划体系存在的问题。由于指导缺乏高层次的规划，造成居民的许多需求无法满足，如对公共服务设施的需求。

（3）规范与政策的缺位。在与规划管理单位以及设计单位的沟通当中了

---

1 在小区访谈中许多居民都这样认为。

解到，其实从设计的角度来讲，旧小区许多潜力还是能够得到充分发掘的。如合理利用屋顶空间并非一件难事，但还有许多问题亟待解决，如：谁来出钱改造？是居民出钱还是政府出钱？出多少钱？如果居民不肯出钱如何处理？改造后屋顶空间产权如何界定等，这些都在一定程度上妨碍了技术手段的充分发挥。这些问题都是目前的改造规范和政策没有涉及的地方，这些都限制了改造内容贴近居民生活，体现居民意愿。

4.1.4 小结

通过分析发现，关于改造的内容，当前的居民对改善基本居住需求的意愿还是最为迫切的，并且其他的需求呈现出多样化的趋势。

通过分析和比较，可以看出影响改造内容贴近居民生活的因素有两个：

一个是客观条件的限制，主要是资金的问题。客观上讲，对于旧住宅区的改造来讲，改造是不是能够满足和解决居民的需求问题很大程度上取决于资金是否充分，在当前改造资金有限的情况下，改造也只能在一定程度上满足居民的需求。

另一个是改造规划本身存在的问题，主要有：

(1) 改造重点的问题。改造内容与居民的真实需求存在一定偏差。由于对住宅的改造有限，住宅改造内容不能充分体现改善“基本居住需求”的重点。

(2) 改造导向的问题。部分改造内容追求美观限制了内容的实用性要求。

(3) 改造体系的问题。高层次改造规划的缺失限制了某些居民需求的满足。

(4) 改造内容本身的问题。改造内容的相对单一限制了居民多样性的需求。

(5) 改造规范和政策的问题。技术规范的缺失和相关改造政策的缺位限制了改造内容的进一步拓展，从而在客观上影响了居民意愿的进一步体现。改造内容并非不能在空间上进行进一步的挖掘，而是制度和政策的缺失限制了进一步的展开。

4.2 影响居民对改造方式评价的因素

4.2.1 考察影响居民评价改造方式的着眼点

关于考察影响居民对改造方式评价的因素，本书主要从两方面入手：

(1) 客观影响因素：主要考察改造规划操作过程、具体改造方式的形成过程对改造方式评价的影响。

(2) 主观影响因素：主要考察居民自然属性（性别、年龄）、社会属性（学历、收入水平）以及居住条件（面积、户型、楼层）的差别而对改造方式评价的影响。

通过数据分析，发现以上因素对改造方式的评价产生影响。

4.2.2 客观影响因素

4.2.2.1 居民知情状况对评价的影响

居民对改造内容的了解情况影响对改造方式的评价。

在统计中发现，受访者对“平改坡”综合改造内容的了解程度不甚理想，只有5.7%的全部了解，68.7%的了解一些，还有25.6%的居民对此一无所知。而在分地区的交互分析中发现各个小区的知情情况也不甚了解。见表4-12。

从统计结果来看，居民对内容的了解程度影响居民对方式的评价，对信息掌握充分的受访者对方式的评价要明显高于了解一些以及不了解的。对这种情况的合理解释是，由于对改造本身缺乏了解，导致不能看到特定改造方式的优点和存在的问题，往往看不到这种方式为生活带来的改善，而如果对信息掌握的比较全面，就可能对改造的方式所产生的作用有一个比较清晰的认识，因此能够做出较为积极的评价。见表4-13。

不同地区居民对“平改坡”改造内容的了解程度　　表4-12

选项		全部了解	了解一些	不了解	总计
杨浦区	占本地区(%)	3.3	47.5	49.2	100.0
虹口区	占本地区(%)	6.0	71.1	22.9	100.0
普陀区	占本地区(%)	7.0	71.8	21.2	100.0
闸北区	占本地区(%)	9.7	82.3	8.0	100.0
静安区	占本地区(%)	5.9	76.5	17.6	100.0
长宁区	占本地区(%)	0.0	59.4	40.6	100.0
总计	占总体(%)	5.7	68.7	25.6	100.0

“平改坡”改造内容了解程度与对改造方式态度的关系　　表4-13

分类	对“平改坡”改造内容的了解程度	非常好	比较好	一般	其他意见	总计
综合改造方式	全部了解	38.2%	38.2%	11.8%	11.8%	100.0%
	了解一些	9.7%	50.7%	31.3%	8.3%	100.0%
	不了解	5.2%	48.1%	36.4%	10.3%	100.0%
	总计	10.2%	49.3%	31.5%	9.0%	100.0%
房屋改造整修	全部了解	20.6%	50.0%	23.5%	5.9%	100.0%
	了解一些	4.6%	41.7%	30.8%	22.9%	100.0%
	不了解	2.6%	48.1%	23.4%	25.9%	100.0%
	总计	5.0%	43.8%	28.5%	22.7%	100.0%

续表

分类	对“平改坡”改造内容的了解程度	非常好	比较好	一般	其他意见	总计
绿地及活动场地	全部了解	17.6%	38.2%	17.6%	26.6%	100.0%
	了解一些	6.1%	35.9%	39.1%	18.9%	100.0%
	不了解	3.9%	50.0%	26.6%	19.4%	100.0%
	总计	6.2%	39.7%	34.7%	19.4%	100.0%
道路整治	全部了解	23.5%	38.2%	32.4%	5.9%	100.0%
	了解一些	3.2%	45.9%	35.9%	15.0%	100.0%
	不了解	0.6%	52.6%	27.9%	18.9%	100.0%
	总计	3.7%	47.2%	33.7%	15.4%	100.0%
公共服务设施改造	全部了解	23.5%	32.4%	35.3%	8.8%	100.0%
	了解一些	2.7%	30.6%	51.2%	15.5%	100.0%
	不了解	1.9%	45.5%	26.0%	26.6%	100.0%
	总计	3.7%	34.5%	43.8%	18.0%	100.0%
市政管线设施改造	全部了解	14.7%	50.0%	29.4%	5.9%	100.0%
	了解一些	4.9%	44.4%	26.7%	24.0%	100.0%
	不了解	5.2%	59.1%	16.2%	19.5%	100.0%
	总计	5.5%	48.5%	24.2%	21.8%	100.0%

4.2.2.2 具体改造方式本身存在的问题

关于改造方式的具体形成过程，从调研以及访谈的结果来看其形成过程是：首先设计人员根据对现状的考察形成初步方案，然后再征询居民意见进行修改，形成最终的改造方案以及具体的改造方式。应该说，从过程来讲，有交流和沟通，但从问卷统计结果来看，具体改造方式存在以下两个问题：

1. 从居民对具体改造方式的总体意见来看，还有相当的居民存在不同意见

正如在第3章所描述的，具体的改造方式，按照房屋整修、绿化改造、道路整治、公共服务设施以及市政管线改造方式进行分类，居民表达认同的比例分别为48.8%，45.8%，50.8%，38.2%，54.0%，同时，对应上面分项，有分别为22.7%，19.4%，15.4%，18.0%，21.8%的居民对改造方式提出质疑，认为应该还有更好的方式可以采用，说明相当一部分居民对具体的改造方式有自己不同的见解，认为采取的方式不能代表自己的意愿。

2. 从征求居民意见环节来看，居民并没有因为被征求意见而表达出对方式认同程度的提高

统计中显示，在所有600位受访者当中，有210位受访者表示自己曾经通过不同的途径被征求过意见。因此，从一般意义上来讲，如果在改造规划

过程中被征求意见，通过对意见的汇总形成对具体改造的实施意见，对于被征求意见者来说对方式的认同应该更高一些，但从相关分析和交互分析来看，被征求意见与否并没有对统计结果造成影响。

事实上，我们反过来在看一看征求意见的过程也能发现其中的问题。一方面，由于是政府主导的改造，对改造的具体方式主要由专业人员提出，居民往往被动接受，居民提出的意见得不到重视；另一方面，由于在征求意见时由于缺少专业人员的协助，即使提出意见，往往不切实际、天马行空，无法在设计当中得以体现，这些都限制了居民的意见有效的反映到设计当中。

从另一个角度看，居民对具体分项改造方式的认可程度在50%左右，对于分项改造方式居民还是体现出一些不同的意见，这也反映了居民与专业人员的看法存在一些差异。而实施过程中，由于具体方案不能很好地将被征求意见居民很多细节上的要求体现在方案中，这就造成了征求居民意见这个环节成为一个“形式”，不能发挥应该起到的作用。见表4-14。

征求意见与否与对方式认同的相互关系　　表4-14

类别	改造规划有无征求您的意见	对房屋改造整修中所采取的改造方式的态度				总计
		非常好	比较好	一般	不同意见	
房屋整修	有	6.7%	38.6%	33.3%	21.4%	100.0%
	没有	4.1%	46.7%	25.9%	23.3%	100.0%
	总计	5.0%	43.8%	28.5%	22.7%	100.0%
交通整治	有	4.3%	40.0%	41.0%	14.7%	100.0%
	没有	3.3%	51.0%	29.8%	15.9%	100.0%
	总计	3.7%	47.2%	33.7%	15.4%	100.0%
绿地改造	有	5.7%	41.4%	36.7%	16.2%	100.0%
	没有	6.4%	38.7%	33.6%	21.3%	100.0%
	总计	6.2%	39.7%	34.7%	19.4%	100.0%
公共服务设施改造	有	4.3%	32.4%	48.1%	15.2%	100.0%
	没有	3.3%	35.6%	41.5%	19.6%	100.0%
	总计	3.7%	34.5%	43.8%	18.0%	100.0%
市政工程管线改造	有	5.2%	49.5%	30.0%	15.3%	100.0%
	没有	5.6%	47.9%	21.0%	25.5%	100.0%
	总计	5.5%	48.5%	24.2%	21.8%	100.0%
综合改造	有	13.8%	45.7%	35.2%	5.3%	100.0%
	没有	8.2%	51.3%	29.5%	11.0%	100.0%
	总计	10.2%	49.3%	31.5%	9.0%	100.0%

4.2.2.3 不同地区对改造方式的评价

如前所述，不同地区居民对现状的评价不同造成对改造方式的要求不同，同样，不同地区的居民因为实际需求的差异，客观上要求不同的、有差别的改造方式来对应不同的小区，但从实施效果来看，六个小区具体的改造方式差别不大，带有一些普遍性的做法。

可以想象，如果采用相似的改造方式，必然体现出不同的作用效果，从而导致居民不同的评价结果，影响居民对改造方式的评价。从统计的结果来看，印证了上述的假设，不同的小区居民体现出差异较大的评价结果，这在客观上影响了居民对改造方式的正确评价。见表 4-15。

不同地区对小区采取“平改坡”改造方式的态度　　表 4-15

类别	选项	非常好	比较好	一般	其他意见	总计
综合改造	杨浦区	15.6%	69.7%	9.0%	5.7%	100.0%
	虹口区	6.0%	55.4%	34.9%	3.7%	100.0%
	普陀区	12.7%	38.0%	43.7%	5.6%	100.0%
	闸北区	7.3%	47.6%	29.8%	15.3%	100.0%
	静安区	13.2%	35.3%	36.0%	15.5%	100.0%
	长宁区	1.6%	48.4%	50.0%	0.0%	100.0%
	总计	10.2%	49.3%	31.5%	9.0%	100.0%
房屋整修	杨浦区	3.3%	53.3%	9.8%	33.6%	100.0%
	虹口区	2.4%	44.6%	38.6%	14.4%	100.0%
	普陀区	8.5%	31.0%	42.3%	18.2%	100.0%
	闸北区	8.9%	37.1%	26.6%	27.4%	100.0%
	静安区	5.1%	35.3%	33.1%	26.5%	100.0%
	长宁区	0.0%	70.3%	29.7%	0.0%	100.0%
	总计	5.0%	43.8%	28.5%	22.7%	100.0%
绿地活动场地改造	杨浦区	5.7%	56.6%	9.0%	28.7%	100.0%
	虹口区	2.4%	33.7%	56.6%	7.3%	100.0%
	普陀区	4.2%	21.1%	64.8%	9.9%	100.0%
	闸北区	5.6%	42.7%	21.8%	29.9%	100.0%
	静安区	5.1%	25.7%	45.6%	23.6%	100.0%
	长宁区	17.2%	59.4%	23.4%	0.0%	100.0%
	总计	6.2%	39.7%	34.7%	19.4%	100.0%
道路整治	杨浦区	0.8%	68.9%	13.9%	16.4%	100.0%
	虹口区	1.2%	48.2%	42.2%	8.4%	100.0%
	普陀区	2.8%	8.5%	69.0%	19.7%	100.0%

续表

类别	选项	非常好	比较好	一般	其他意见	总计
道路整治	闸北区	9.7%	58.1%	17.7%	14.5%	100.0%
	静安区	3.7%	29.4%	41.9%	25.0%	100.0%
	长宁区	1.6%	64.1%	34.3%	0.0%	100.0%
	总计	3.7%	47.2%	33.7%	15.4%	100.0%
公共服务设施改造	杨浦区	2.5%	56.6%	13.9%	27.0%	100.0%
	虹口区	1.2%	44.6%	48.2%	6.0%	100.0%
	普陀区	5.6%	5.6%	67.6%	21.2%	100.0%
	闸北区	4.8%	35.5%	49.2%	10.5%	100.0%
	静安区	3.7%	26.5%	44.1%	25.7%	100.0%
	长宁区	4.7%	26.6%	57.8%	10.9%	100.0%
	总计	3.7%	34.5%	43.8%	18.0%	100.0%
市政管线设施改造	杨浦区	4.1%	68.0%	7.4%	20.5%	100.0%
	虹口区	2.4%	67.5%	21.7%	8.4%	100.0%
	普陀区	5.6%	49.3%	35.2%	9.9%	100.0%
	闸北区	3.2%	17.7%	37.2%	41.9%	100.0%
	静安区	5.9%	33.1%	31.6%	29.4%	100.0%
	长宁区	15.6%	78.1%	6.3%	0.0%	100.0%
	总计	5.5%	48.5%	24.2%	21.8%	100.0%

4.2.2.4 基于不同改造出发点的认同对改造方式的评价

统计显示（见表 4-16），基于美观出发点的受访者对方式的评价最高，其次是基于“美观与实用”相结合的，而基于实用出发点的受访者对方式的评价最低。

这个结果表明，当前的改造方式更符合“美观”的要求，更能够体现要求美观的受访者的意愿，而与“实用”的要求相背离，统计结果在一个侧面反映了改造方式的价值取向。

基于不同改造出发点对小区采取“平改坡”改造方式的态度　表 4-16

方式	对旧区改造应注重的方面	对改造方式的态度				总计
		非常好	比较好	一般	其他意见	
综合改造	美观	25.0%	41.7%	16.7%	16.6%	100.0%
	实用	8.5%	49.7%	33.3%	8.5%	100.0%
	美观和实用并重	10.6%	49.9%	30.5%	9.0%	100.0%
	总计	10.2%	49.3%	31.5%	9.0%	100.0%

续表

方式	对旧区改造应注重的方面	对改造方式的态度				总计
		非常好	比较好	一般	其他意见	
房屋整修方式	美观	25.0%	50.0%	16.7%	8.3%	100.0%
	实用	3.3%	34.6%	30.1%	32.0%	100.0%
	美观和实用并重	5.1%	46.9%	28.3%	19.7%	100.0%
	总计	5.0%	43.8%	28.5%	22.7%	100.0%
绿地活动场地改造	美观	8.3%	66.7%	25.0%	0.0%	100.0%
	实用	3.3%	38.6%	34.0%	24.1%	100.0%
	美观和实用并重	7.1%	39.3%	35.2%	18.4%	100.0%
	总计	6.2%	39.7%	34.7%	19.4%	100.0%
道路整治	美观	8.3%	66.7%	16.7%	8.3%	100.0%
	实用	3.3%	36.6%	36.6%	23.5%	100.0%
	美观和实用并重	3.7%	50.3%	33.1%	12.9%	100.0%
	总计	3.7%	47.2%	33.7%	15.4%	100.0%
公共服务设施改造	美观	0.0%	66.7%	25.0%	8.3%	100.0%
	实用	2.6%	33.3%	39.2%	24.9%	100.0%
	美观和实用并重	4.1%	34.0%	46.0%	15.9%	100.0%
	总计	3.7%	34.5%	43.8%	18.0%	100.0%
市政管线设施改造	美观	8.3%	50.0%	25.0%	16.7%	100.0%
	实用	2.0%	41.2%	26.1%	30.7%	100.0%
	美观和实用并重	6.7%	51.0%	23.4%	18.9%	100.0%
	总计	5.5%	48.5%	24.2%	21.8%	100.0%

4.2.2.5 基于现状评价对评价的影响

我们换一个角度，来考察一下居民对改造前现状的评价与对改造方式方面有没有影响。

统计结果显示，居民对以前的状况越不满意，虽然对改造方式的评价并没有呈现出有规律的变化，但在对于改造方式的其他意见上面，却表现出越来越多的“其他意见”。

这种情况显示出当前的改造方式对于那些对现状情况不满意的居民来说，还是产生较大意见分歧，只能说明居民对现状越不满意，对改造的意见越多。见表 4-17。

此外，还发现住在顶层的住户对改造方式的认同度要高一些，这缘于顶层住户对“平改坡”这种方式受益最多。见表 4-18。

对平改坡前小区的总体评价与对改造方式评价的关系　　　　表 4-17

对平改坡前小区的总体评价	对小区采取"平改坡"综合改造这种方式的态度				总计
	非常好	比较好	一般	其他意见	
较满意	21.9%	59.4%	9.4%	9.3%	100.0%
一般	8.1%	48.1%	38.5%	5.3%	100.0%
不太满意	9.9%	50.2%	28.1%	11.8%	100.0%
很不满意	22.7%	40.9%	13.6%	22.8%	100.0%
总计	10.2%	49.3%	31.5%	9.0%	100.0%

对平改坡前居住小区的住宅评价	对房屋改造整修中所采取的改造方式的态度				总计
	非常好	比较好	一般	其他意见	
较满意	7.3%	58.1%	13.6%	21.0%	100.0%
一般	3.1%	39.9%	36.1%	20.9%	100.0%
不太满意	7.0%	41.4%	25.5%	26.1%	100.0%
很不满意	3.6%	35.7%	32.1%	28.6%	100.0%
总计	5.0%	43.8%	28.5%	22.7%	100.0%

对平改坡前居住小区的道路及停车设施评价	对道路整治中所采取的改造方式的态度				总计
	非常好	比较好	一般	其他意见	
较满意	7.8%	49.0%	35.3%	7.9%	100.0%
一般	3.2%	40.6%	44.3%	11.9%	100.0%
不太满意	2.8%	52.1%	25.4%	19.7%	100.0%
很不满意	6.5%	45.7%	32.6%	15.2%	100.0%
总计	3.7%	47.2%	33.7%	15.4%	100.0%

对平改坡前居住小区的绿化及室外活动场地评价	对综合改造中绿地及活动场地所采取的改造方式的态度				总计
	非常好	比较好	一般	其他意见	
较满意	10.3%	38.5%	38.5%	12.7%	100.0%
一般	5.9%	36.0%	43.5%	14.6%	100.0%
不太满意	5.1%	43.4%	29.5%	22.0%	100.0%
很不满意	7.3%	31.7%	24.4%	36.6%	100.0%
总计	6.2%	39.7%	34.7%	19.4%	100.0%

对平改坡前居住小区的公共服务设施（如商店、学校等）评价	对综合改造中公共服务设施改造所采取的改造方式的态度				总计
	非常好	比较好	一般	其他意见	
较满意	3.5%	45.1%	36.6%	14.8%	100.0%
一般	4.2%	25.1%	52.5%	18.2%	100.0%
不太满意	2.9%	39.5%	39.5%	18.1%	100.0%
很不满意	3.7%	37.0%	25.9%	33.4%	100.0%
总计	3.7%	34.5%	43.8%	18.0%	100.0%

续表

对平改坡前居住小区的市政管线设施评价	对综合改造中市政管线设施改造所采取的改造方式的态度				总计
	非常好	比较好	一般	其他意见	
较满意	7.2%	67.2%	20.4%	5.2%	100.0%
一般	5.9%	41.7%	34.2%	18.2%	100.0%
不太满意	5.5%	42.4%	19.5%	32.6%	100.0%
很不满意	0.0%	52.5%	17.5%	30.0%	100.0%
总计	5.5%	48.5%	24.2%	21.8%	100.0%

受访者是否住顶层与对房屋改造整修中所采取的改造方式态度的关系

表 4-18

受访者是否住顶层	对房屋改造整修中所采取的改造方式的态度				总计
	非常好	比较好	一般	其他意见	
是	11.5%	55.8%	21.2%	11.5%	100.0%
否	3.5%	41.1%	30.2%	25.2%	100.0%
总计	5.0%	43.8%	28.5%	22.7%	100.0%

4.2.3 主观影响因素

4.2.3.1 年龄的影响

在统计中，我们将整个年龄段划分为三个区间，分别对应三个年龄阶段，即年龄在 35 岁以下的为青年人，36～45 岁为中年人，56 岁以上为老年人。

在关于改造方式评价的统计中发现，中年人对改造方式的评价最低，意见最多。参见表 4-19。究其原因，合理的解释是中年人是社会职务和家庭责任的主要承担者，事业发展和家庭的重担使得对改造的要求更高一些，反映在意见当中究表现为评价相对较低，意见相对较多。

年龄与对改造方式态度的关系 **表 4-19**

内容	年龄段		非常好	比较好	一般	其他意见	总计
综合改造	18～25 岁	比例	10.6%	56.7%	28.8%	3.9%	100.0%
	36～45 岁	比例	10.9%	45.5%	32.4%	11.2%	100.0%
	56～65 岁	比例	8.5%	52.9%	31.4%	7.2%	100.0%
	总计	比例	10.2%	49.3%	31.5%	9.0%	100.0%
房屋整修	18～25 岁	比例	5.8%	59.6%	18.3%	16.3%	100.0%
	36～45 岁	比例	5.2%	40.2%	29.4%	25.2%	100.0%
	56～65 岁	比例	3.9%	41.2%	33.3%	21.6%	100.0%
	总计	比例	5.0%	43.8%	28.5%	22.7%	100.0%

续表

内容	年龄段		非常好	比较好	一般	其他意见	总计
绿地活动场地改造	18～25岁	比例	5.8%	48.1%	26.9%	19.2%	100.0%
	36～45岁	比例	7.3%	35.6%	35.9%	21.2%	100.0%
	56～65岁	比例	3.9%	43.1%	37.3%	15.7%	100.0%
	总计	比例	6.2%	39.7%	34.7%	19.4%	100.0%
道路整治	18～25岁	比例	2.9%	58.7%	26.0%	12.4%	100.0%
	36～45岁	比例	4.1%	43.4%	33.8%	18.7%	100.0%
	56～65岁	比例	3.3%	47.7%	38.6%	10.4%	100.0%
	总计	比例	3.7%	47.2%	33.7%	15.4%	100.0%
公共服务设施改造	18～25岁	比例	5.8%	48.1%	40.4%	5.7%	100.0%
	36～45岁	比例	2.3%	33.9%	39.9%	23.9%	100.0%
	56～65岁	比例	5.2%	26.8%	54.9%	13.1%	100.0%
	总计	比例	3.7%	34.5%	43.8%	18.0%	100.0%
市政管线设施改造	18～25岁	比例	8.7%	50.7%	26.3%	14.3%	100.0%
	36～45岁	比例	5.0%	43.1%	25.9%	26.0%	100.0%
	56～65岁	比例	4.6%	52.3%	25.5%	17.6%	100.0%
	总计	比例	5.5%	48.5%	24.2%	21.8%	100.0%

4.2.3.2 居住年限的影响

在对结果的统计中还出现一种现象，即随着受访者居住年限越长，虽然对改造方式认同的评价并没有呈现出有规律的变化，但在对于改造方式的其他意见上面，却表现出越来越多的“其他意见”。

那么，为什么会出现这种结果？可以用访谈中居民的回答作为解释。从改造方式的形成过程来看，设计人员往往花很短的时间来了解小区。而从居民生活的角度，居住的年限越长，对小区的了解情况越多，也往往更能够看到小区的发展潜力。因此基于短时间的考察所形成的方式并非更符合居住年限较短的居民的意愿，而是因为相对单一的改造方式没有在改造方式当中充分挖掘多样性的小区潜力，而反映在居住时间较长的居民中表现为更多的“其他意见”。见表4-20。

其实这个结果也反映了具体改造方式在形成过程中，缺乏一个沟通的过程向居民很好的请教。

4.2.4 小结

通过以上分析和比较，可以看出影响居民对改造方式评价的因素如下：

（1）居民知情状况的影响。居民对“平改坡”综合改造的了解情况影响居民对改造方式的积极评价。由于宣传不够充分，导致改造中还有相当一部分居民对综合改造了解不够深入，表现出较低的评价，从而影响评价的结果。

居住年限与对改造方式评价之间的关系　　表 4-20

内容	居住年限		非常好	比较好	一般	其他意见	总计
综合改造	5 年及以下	比例	15.3%	58.2%	19.4%	7.1%	100.0%
	6～10 年	比例	13.0%	39.7%	40.5%	6.8%	100.0%
	11～20 年	比例	6.7%	48.3%	37.3%	7.7%	100.0%
	20 年及以上	比例	9.3%	53.1%	24.1%	13.5%	100.0%
	总计	比例	10.2%	49.3%	31.5%	9.0%	100.0%
房屋整修	5 年及以下	比例	6.1%	54.1%	27.6%	12.2%	100.0%
	6～10 年	比例	6.9%	37.4%	37.4%	18.3%	100.0%
	11～20 年	比例	3.8%	45.9%	31.1%	19.2%	100.0%
	20 年及以上	比例	4.3%	40.1%	18.5%	37.1%	100.0%
	总计	比例	5.0%	43.8%	28.5%	22.7%	100.0%
绿地活动场地改造	5 年及以下	比例	11.2%	34.7%	36.7%	17.4%	100.0%
	6～10 年	比例	3.8%	31.3%	49.6%	15.3%	100.0%
	11～20 年	比例	6.2%	41.1%	36.4%	16.3%	100.0%
	20 年及以上	比例	4.9%	47.5%	19.1%	28.5%	100.0%
	总计	比例	6.2%	39.7%	34.7%	19.4%	100.0%
道路整治	5 年及以下	比例	7.1%	45.9%	36.7%	10.3%	100.0%
	6～10 年	比例	3.1%	33.6%	48.1%	15.2%	100.0%
	11～20 年	比例	1.9%	50.2%	34.9%	13.0%	100.0%
	20 年及以上	比例	4.3%	54.9%	18.5%	22.3%	100.0%
	总计	比例	3.7%	47.2%	33.7%	15.4%	100.0%
公共服务设施改造	5 年及以下	比例	6.1%	32.7%	52.9%	8.3%	100.0%
	6～10 年	比例	4.6%	28.2%	50.4%	16.8%	100.0%
	11～20 年	比例	2.9%	36.8%	43.1%	17.2%	100.0%
	20 年及以上	比例	2.5%	37.7%	34.0%	25.8%	100.0%
	总计	比例	3.7%	34.5%	43.8%	18.0%	100.0%
市政管线设施改造	5 年及以下	比例	11.2%	52.0%	19.4%	17.4%	100.0%
	6～10 年	比例	3.1%	51.9%	30.5%	14.5%	100.0%
	11～20 年	比例	6.2%	53.6%	21.5%	18.7%	100.0%
	20 年及以上	比例	3.1%	37.0%	25.3%	34.6%	100.0%
	总计	比例	5.5%	48.5%	24.2%	21.8%	100.0%

（2）改造方式形成过程的影响。设计人员与居民不能有效沟通妨碍了居民意愿的体现，统计中发现设计人员不能很好地将居民的意见融入到改造方式中去。这一方面是因为手段与技术支持的限制，另一方面也反映了设计人员提出的具体改造方式不能完全代表居民的意见，设计人员的价值观不能完全代表居民的价值观。

（3）改造方式本身的影响。相对单一的改造方式不能满足居民多样性的要求。特别是表现在不同地区对改造方式的评价方面差异很大。

（4）改造方式价值导向的影响。当前的改造方式不能很好地做到"实用和美观"相结合。某些美观的东西不实用，统计显示，改造方式最符合追求"美观"的居民的意愿，而最不符合追求"实用"的居民的意愿，从一个侧面反映了当前改造方式的倾向性。

（5）居民自身特征对改造方式评价的影响。对改造方式的评价当中，提出不同意见的居民有三个基本特征，即中年人、居住年限较长的居民以及对现状不满的居民。其中"中年人"有较多的不同意见是因为年龄段以及社会压力的原因；但其他两个特征反映了一方面对于旧住宅区的人群来说，或许具有这两个特征的人群更能够看到旧住宅区的潜力，另一方面也反映了当前的改造方式还不能深入的解决旧住宅区存在的根本问题，改造方式还不能充分的挖掘旧住宅区的潜力。

4.3 影响居民公众参与的因素

4.3.1 公众参与的现实情况

纵观整个更新改造过程，如果探求过程当中发生的公众参与活动，如第3章所述，应该就是在规划制定过程中征询居民意见的环节。但从统计结果来看，这个环节并没有发挥应有的作用，居民并没有因为被征求意见而表现出更高的认可度。因此，公众参与在整个更新改造活动中的位置和作用可以用图4-1来表示。特征如下：

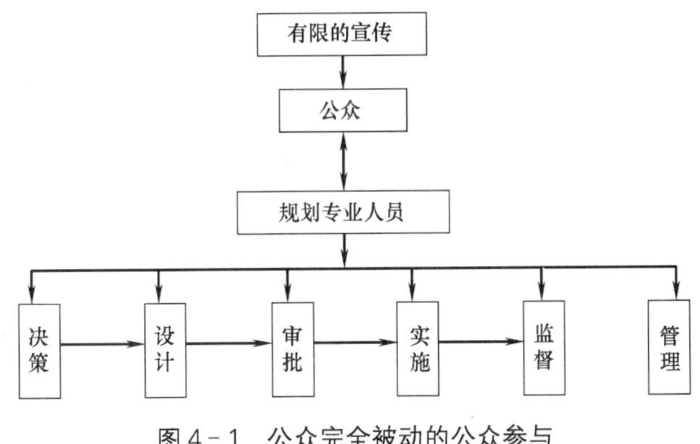

图4－1 公众完全被动的公众参与

（1）有限的宣传。

（2）居民参与的工作内容还只是形式上的。

（3）从结果来看，居民还是一个被动的角色，与规划专业人员之间的地位是不平等的。

4.3.2 居民期望的参与途径

交互分析中发现，居民期望的参与途径有两个特点：

（1）居民期望的参与途径在总体上倾向于通过居委会进行参与。在交互分析中，发现在按照居民的性别、年龄、教育水平、收入等因素进行分类的条件下，居民对参与途径的选择表现出一致性的特征，都选择了通过居委会有组织地进行参与。

（2）居民期望的参与途径在不同的地区有所差异。如虹口区的受访者倾向于通过发电子邮件的形式，而静安区倾向于通过聘请专业人士的形式，这些都说明了社会变迁影响下的居民意愿的分化。

那么，出现第二种情况的原因是什么？是主观上这些居民更加认可其他的方式，还是由于对居委会的工作不满意而出于无奈而选择了其他方式呢？关于第一种假设我们无法弄清楚原因，但关于第二种假设在问卷的统计中可以看出来，并且问卷的统计答案也证明了这个假设，在表 4-21 所显示的数据当中可以看出，虹口区和静安区对居委会的评价是排在最后面的。这至少可以说明一点，那就是对居委会的评价越低，居民越倾向于选择其他的参与方式。

通过统计和分析可以看出，居委会的重要作用还是为大家所承认的，居民对居委会工作的评价影响居民对参与途径的选择。同时，随着技术手段丰富和居民意识的提高，也有许多居民选择通过电子邮件和聘请专业人士的方式进行参与。见表 4-22。

不同地区居民对参与规划制定方式的选择　　表 4-21

地区	居民应该采用何种方式参与规划的制定				总计
	以个人意见的形式，通过意见箱和电子信箱参与规划	通过居委会，有组织地参与到制定规划的过程中	居民自发形成，有组织地参与到制定规划的过程中	通过聘请专业人士，代表居民参与制定规划的过程	
杨浦区	6.6%	55.7%	4.1%	33.6%	100.0%
虹口区	73.5%	19.3%	4.8%	2.4%	100.0%
普陀区	21.1%	66.2%	5.6%	7.1%	100.0%
闸北区	14.5%	61.3%	12.9%	11.3%	100.0%
静安区	25.0%	31.6%	8.8%	34.6%	100.0%
长宁区	12.5%	68.8%	14.1%	4.6%	100.0%
总计	24.0%	49.0%	8.3%	18.7%	100.0%

不同地区居民对所属居委会目前工作的评价　　表 4-22

地区	对所属居委会目前工作的评价					总计
	很好	较好	一般	较差	很差	
杨浦区	1.6%	17.2%	47.5%	24.6%	9.1%	100.0%
虹口区	1.2%	13.3%	63.9%	21.6%	0.0%	100.0%
普陀区	9.9%	35.2%	54.9%	0.0%	0.0%	100.0%
闸北区	4.8%	41.9%	37.9%	12.9%	2.5%	100.0%
静安区	3.7%	27.2%	55.9%	11.8%	1.4%	100.0%
长宁区	0.0%	50.0%	39.1%	9.4%	1.5%	100.0%
总计	3.5%	29.7%	49.7%	14.3%	2.8%	100.0%

4.3.3 客观因素：小区管理机构和组织存在的问题

上面已经谈到，在参与改造规划方面，居委会的地位还是被大家所认可的，那么现实中的旧小区管理机构的情况是怎样的？是不是能够负担起这个重任呢？下面我们检验一下当前的情况。

4.3.3.1 基层管理机构的组成

检验居委会的作用就不得不从整体上考察小区基层管理机构的整体状况。在调研和文献研究的过程中了解到，包括调查的旧小区在内的绝大多数旧住宅区，主要的管理组织包括居民区党支部、居委会、业主委员会。居委会主要负责小区的日常管理，物业公司负责小区的物业专项管理。

其中居民区党支部是党在城市的最基层组织，是基层社区的政治领导核心，其主要职责和任务是保证党的路线方针政策在基层能够得到有效的贯彻；同时要支持和引导居委会和业主委员会等群众自治组织在法律规定范围内积极有效地开展工作。

居委会是“基层群众性自治组织”，新中国成立以后相当长时间内，在中国城市社区中真正具有一定作用和地位的居民自治组织只有居委会。根据我国宪法和《中华人民共和国城市居民委员会组织法》规定，居委会是“基层群众性自治组织”，其任务是组织居民“自我教育、自我管理、自我服务”，并协助政府做一些群众工作。所以，居委会原本就是由社区居民通过民主选举的方式产生，以为社区居民提供服务并维护本居民区全体居民利益为主要职责，对有关本居民区的公共事务进行讨论并进行管理。

业主委员会是建立在房屋产权私有基础上的物业区域内业主自治性组织。在上海市，1997 年 7 月 1 日颁行的《上海市居住物业管理条例》（以下简称《物业条例》）为业主委员会的建立和社区物业事务的自治管理提供了法律依据与保障。《物业条例》规定，业主委员会由全体业主经民主选举的方式产生，对全体业主负责。所有有关物业管理方面的日常事务都由业主委员会作出决策并负责协调解决。业主委员会委托物业管理公司来对物业进行专业管理，物业管理公司对业主委员会负责。

事实上，管理机构在更新改造过程中有两个职能，一个是负责执行上级机关更新改造的实施任务，另一方面也有将居民的需求和意愿传达的责任，其真正的作用是一个中介。对于居民来说，这个中介是否能够有效地起到向上传达作用将关系到居民的意愿能否得到有效的表达。

4.3.3.2 管理机构的相互关系现状与问题

在本次调研和访谈当中，管理机构的问题逐步显现出来，主要存在以下几个问题：

1. 居委会的权利有限、任务无限

《中华人民共和国城市居民委员会组织法》规定基层政府与居委会之间的关系是基层政府“指导、支持和帮助”居委会工作，居委会“协助”基层政府工作。1997 年颁行的《上海市街道办事处条例》也具体规定了街道和居委会之间的关系：街道办事处“指导、帮助居委会开展组织建设、制度建设和其他工作。”由此看来，街道办事处和居委会的关系应该是指导和被指导关系，而不是任何性质的隶属关系。

上海市“两级政府、三级管理”的模式使得街道办事处的工作事务急剧扩展。现实中，街道利用自己所掌握的政治和经济资源，控制了居委会人事任免、经济分配和工作任务等权力，居委会事实上成为街道的“派出机关”，承担大量琐碎的行政事务。自此，基层政府与自治组织演变为行政领导和隶属关系，从而使居委会走上了“行政化”轨道（朱健刚，1997）。居委会由此逐渐变成了街道的执行机构，将更多的精力去应付基层政府层出不穷的行政事务，而较少的关注居民的实际需要，并由此而导致了一系列困难和问题。在问卷统计当中显示，关于居委会的定位居民更倾向于它代表居民和政府两个主体，而不是《中华人民共和国城市居民委员会组织法》规定的“基层群众性自治组织”，这在一定程度上反映了居委会现状定位的模糊不清。见表 4-23。

不同地区居民对居委会所做工作的代表性认识 **表 4-23**

地区	认为居委会所做的工作内容是			总计
	代表上一级政府管理小区日常事务	代表居民实施自我管理	上述两者都有	
杨浦区	21.3%	22.1%	56.6%	100.0%
虹口区	20.5%	48.2%	31.3%	100.0%
普陀区	4.2%	5.6%	90.2%	100.0%
闸北区	12.1%	25.0%	62.9%	100.0%
静安区	11.0%	22.8%	66.2%	100.0%
长宁区	26.6%	1.6%	71.8%	100.0%
总计	15.5%	22.3%	62.2%	100.0%

据统计，当前上海市居委会的工作有十大类近百项，大大超出了其职责范围和承受能力。而居委会“行政化”产生的一个重要后果是，对于街道或其他政府部门侵犯居民利益的行为，居委会往往漠视，而且常常还参与其中“分一杯羹”。城市居委会的居民自治职能由此发生严重偏离，无法满足居民的参与需求和期望，其合法性基础因而大大动摇（李友梅，石发勇，2002）。居委会对街道办事处依附严重，以至于调研过程中一般性的访谈都需街道办事处的准许，居委会才会安排。

从法律框架来看，居委会具有自治性质，但无论从章程制订、经费来源、人事权和决策权归属、激励和监督制度及其主观倾向来看，居委会都对基层政府具有严重的依附性，而且这种依附性在短期内是难以改变的，因此居委会的自治性也由此可知。事实上在新中国成立之初，居委会曾一度良性发展，完全可能成为城市居民提供社会参与的交往网络和沟通媒介，从而发展为具有中国特色的“市民社区”，成为国家和社区之间的中介桥梁。但此后大规模的经济建设、城市改造以及社会运动，出现基层政府和党支部的制度侵权行为，使得居委会逐步丧失了自身的独立性。

其实，从位置来讲，居委会是最能够在更新改造当中最有效的组织居民进行参与，最能够有效地将居民的需求传达到上面，也应该是最有效的联络和沟通组织，但由于其职能的依附性、事物的繁杂性以及人力物力的种种限制，在实际的更新改造当中只起到非常有限的作用，其作用也只在贯彻更新改造程序上以及协调施工中的矛盾方面。它距离作为一个有效的上下沟通的渠道，差距还非常大，这也导致了居民的意愿和需求难以有效地向上传达，即使有这个环节，也因为其在管理体系职权的有限性和位置的低下，难以获得重视。

2. 基层党组织实际控制居委会

当下城市基层民主建设的一个重要问题是党、居不分，具体表现在人员不分和职责不分。许多居委会和党支部实际上是两块牌子，一套班子。虽然我国宪法明确规定社区党组织享有领导权，居民自治组织享有自治权力，但由于对两权并无明确界定，这样就出现了在实践中权限不分、职责不明，两种完全不同性质的组织交合为一体，享有领导权的党组织很容易就跨越了本来就很模糊的权力界限，由此而产生许多弊端（李友梅、石发勇，2002）：一方面，党组织包办了小区居民自治事务，居委会实际上成了党支部的执行机构，从而严重制约了居委会自治功能的正常发挥，使得居委会的自治功能出现萎缩并导致了普通小区居民参与积极性的降低；另一方面，党支部的过度参与也给基层政府利用党组织实现对居委会的制度侵权提供了依托——如利用党支部控制居委会选举等。社区党组织如负责具体社区事务将有碍于社区自治和基层民主建设。

3. 业主委员会和居委会自治性差异及相互关系

随着住房的私有化，居住小区普遍成立了业主委员会。关于业主委员会，《物业条例》规定，“业主委员会是在物业管理区域内代表全体业主对物业实施自治管理的组织。”表明业主委员会是物业区域内业主的自治性组织。由此可见，从法律角度而言，居委会、业委会都是社区群众自治性组织。其区别在于居委会侧重于管理“人”，而业主委员会则侧重于管理“物”。

作为由居民组成的自治性的管理机关，相比居委会，业主委员会主要有以下优势：

（1）群众基础好。完全由业主大会和业主代表大会选出，选举结果基本上能够反映大多数代表的意愿，新当选的业委会有相当的群众基础。

（2）经费来源有保障。《物业条例》规定，“业主委员会的活动经费，经业主大会或业主代表大会决定，可以由业主支付，也可以在物业管理服务用房的收益、其他收益或者物业维修基金的利息中列支。”由于物业管理区域内或多或少总有车棚等设施出租，因而业主委员会的活动基金有着一定的保障，无须依靠政府或其他社会组织。

（3）日常决策权独立。业委会可以对有关物业管理的事务独立做决定。

（4）运行方式先进。业委会基本能够按照《物业条例》规定和业主授权行事，因而是一种社会化的运行方式。

（5）日常运作独立。业委会的资源、收益则主要来自于物业自治管理，因而对政府一般没有多少依赖心理。

业主委员会的以上优势使得它更能够成为一个实际意义上的居民自治机构，但从现状来看，目前旧小区的业主委员会还有待进一步发展，甚至对于居民来说，相当一部分对其一无所知，并且不同地区的差异情况较大（见表4-24），这也在一个侧面反映了业主委员会发展情况的参差不齐，客观上限制了业主委员会作用的发挥。

不同地区居民对业主委员会的了解程度 **表 4-24**

地　区	是否知道有业主委员会		总　计
	知道	不知道	
杨浦区	44.3%	55.7%	100.0%
虹口区	41.0%	59.0%	100.0%
普陀区	93.0%	7.0%	100.0%
闸北区	76.6%	23.4%	100.0%
静安区	53.7%	46.3%	100.0%
长宁区	14.1%	85.9%	100.0%
总计	55.2%	44.8%	100.0%

4.3.3.3 基层管理机构的现状对居民参与的影响

通过以上分析可以看出，从管理机关的现状来看，一方面居民认可的公众参与机构存在各种问题，其现状的情况不可能有效地组织居民进行公众参与，而另一方面，新出现的居民自治机构发育还不健全，这两个因素造成居民参与的组织机构出现真空的现象，在客观上阻碍了居民自下而上的意见表达过程，从而影响居民意愿的有效表达。

4.3.4 主观原因：居民的参与意愿

从官方材料显示的内容以及调研过程中了解的情况来看，在改造过程中有两个公众参与的环节，第一个环节是业主代表大会投票决定小区的改造，第二个环节是改造规划制定过程中有征询意见的过程[1]。由于在住房私有的条件下第一个环节是必不可少的，因此对居民参与意愿的分析主要针对第二个环节。

为了检验公众参与的意愿，笔者在问卷中设计了以下几个问题：

(1) 您是否愿意参加改造规划制定？这个问题主要是来检验居民对改造规划的参与意愿。

(2) 您是否愿意参与小区或社区组织的各项活动？这个问题主要是作为第一个问题的参考。

通过对这两个问题的回答，来检验居民的参与意识。通过比较居民针对不同问题的答案选择状况，检验居民对参与改造规划及小区组织的活动参与意识的差别。

从统计数据可以看出，从总体上看，这次调查的六个小区参与改造规划制定的意愿还是非常强的，88.5%的受访者表示应该积极参加（见表4-25）。参与小区公共性事物的意愿也比较强，有 71.1%的居民表示应该积极参加（见表 4-26）。但总体来讲参加规划制定的意愿要强于参加小区或社区组织的各项活动。在进一步的分析当中，发现以下的情况。

不同地区居民对参与居住区综合改造规划制定的态度　　表 4-25

地　区	居民是否应参与居住区综合改造规划的制定				总　计
	应该积极参加	应该积极参加，但要看有没有时间	无所谓	不应该参加，这是政府的事情	
杨浦区	41.0%	54.1%	4.1%	0.8%	100.0%
虹口区	51.8%	31.3%	12.0%	4.9%	100.0%
普陀区	47.9%	39.4%	7.0%	5.7%	100.0%

1　虽然这个过程还处于一个比较初级的公众参与阶段，但毕竟对于居民来讲，他们可以通过这个渠道反映自己的意见，有可能对改造的方式和效果产生影响。

续表

地 区	居民是否应参与居住区综合改造规划的制定				总 计
	应该积极参加	应该积极参加，但要看有没有时间	无所谓	不应该参加，这是政府的事情	
闸北区	60.5%	33.1%	0.0%	6.4%	100.0%
静安区	30.1%	47.1%	16.9%	5.9%	100.0%
长宁区	34.4%	64.1%	0.0%	1.5%	100.0%
总计	44.2%	44.3%	7.2%	4.3%	100.0%

不同地区居民对参加居住小区或社区组织各项活动的态度　　表 4-26

地 区	有无意愿参加居住小区或社区组织的各项活动				总 计
	非常愿意	愿意，但要看有没有时间	无所谓	不愿意	
杨浦区	16.4%	55.7%	19.7%	8.2%	100.0%
虹口区	12.0%	33.7%	50.6%	3.7%	100.0%
普陀区	16.9%	71.8%	11.3%	0.0%	100.0%
闸北区	37.9%	43.5%	14.5%	4.1%	100.0%
静安区	7.4%	66.9%	22.1%	3.6%	100.0%
长宁区	17.2%	39.1%	40.6%	3.1%	100.0%
总计	18.3%	52.8%	24.7%	4.2%	100.0%

1. 改造规划的参与意愿体现出较强的规律性

在进一步的交互分析当中，关于改造规划的参与意愿，按照年龄、性别、学历以及收入水平进行分类，发现相互之间的差异很小，因此，可以看出在回答这个问题时，基本不受上述几个因素的影响，呈现出普遍较高的参与意愿的特点。

2. 小区组织各项活动的参与意愿受居民自身特征的影响

而对关于参与居住小区或社区组织的各项活动的意愿的交互分析中发现，年龄越高，参与的积极性越高，18～25 岁选择“非常愿意”和“愿意，但要看有没有时间”的比例为 61.7%，而 66 岁以上变为 81.6%（见表 4-27）；学历越高，参与的积极性相对较低，大专及以上学历选择的比例分别为 63.8%和 66.6%，而其他三个学历层次都高于 70%（见表 4-28）；居住年限越长，参与的积极性越高，1 年以下的为 61.1%，20 年以上的为 72.7%，其中 25 年以上的为 86.7%（见表 4-29）。上述分析结果表明：在总体上居民对于社区公共事务参与意愿较强这一基本情形之下，相对而言，那些年龄较长、文化程度不是很高、在社区居住年限相对较长者的参与意愿更强一些，而那些年轻的、文化程度高的、居住年限短的居民的参与意愿则更低。并且，所在地区的不同也表现出不同的参与意愿。

不同年龄段对参加居住小区或社区组织的各项活动的态度　　表 4-27

年　龄	有无意愿参加居住小区或社区组织的各项活动				总　计
	非常愿意	愿意,但要看有没有时间	无所谓	不愿意	
18～25 岁	8.5%	53.2%	27.7%	10.6%	100.0%
26～35 岁	5.3%	52.6%	38.6%	3.5%	100.0%
36～45 岁	17.1%	52.3%	28.8%	1.8%	100.0%
46～55 岁	17.2%	54.7%	23.7%	4.4%	100.0%
56～65 岁	27.8%	50.4%	17.4%	4.4%	100.0%
66 岁及以上	31.6%	50.0%	15.8%	2.6%	100.0%
总计	18.3%	52.8%	24.7%	4.2%	100.0%

不同学历状况对参加居住小区或社区组织各项活动的态度　　表 4-28

学　历	有无意愿参加居住小区或社区组织的各项活动				总　计
	非常愿意	愿意,但要看有没有时间	无所谓	不愿意	
小学及以下	20.0%	50.0%	20.0%	10.0%	100.0%
初中	23.1%	51.8%	20.6%	4.5%	100.0%
高中	18.9%	52.9%	26.2%	2.0%	100.0%
大专	5.0%	58.8%	27.5%	8.7%	100.0%
本科及以上	17.5%	49.1%	29.8%	3.6%	100.0%
总计	18.3%	52.8%	24.7%	4.2%	100.0%

不同居住的年限对参加居住小区或社区组织各项活动的态度　　表 4-29

居住的年限	有无意愿参加居住小区或社区组织的各项活动				总　计
	非常愿意	愿意,但要看有没有时间	无所谓	不愿意	
1 年及以下	27.8%	33.3%	22.2%	16.7%	100.0%
2～5 年	11.3%	63.8%	22.5%	2.4%	100.0%
6～10 年	15.3%	57.3%	23.7%	3.7%	100.0%
11～15 年	10.0%	62.5%	25.0%	2.5%	100.0%
16～20 年	17.2%	46.7%	34.3%	1.8%	100.0%
21～25 年	21.4%	51.3%	18.8%	8.5%	100.0%
25 年及以上	40.0%	46.7%	11.1%	2.2%	100.0%
总计	18.3%	52.8%	24.7%	4.2%	100.0%

3. 参与意愿的差别源于个体利益的驱使

其实，问题的背后反映着参与动机的不同。问题 1 和问题 2 反映的是居民的经济参与意愿和社会参与意愿。在经济条件有限的情况下，居民更关心经济意愿的参与很好地解释了上述的统计结果。已经有学者（王小章、冯婷，2004）通过实证研究证实了如果将参与意愿分为政治、经济、社会以及文化参与，那么除了经济参与意愿较强一些，其他如社会参与意愿、文化参与意愿以及政治动机的参与意愿都不是很强。

那么如何解释这种现象？或者，如果说参与意愿是制约参与行为的一个重要因素，那么，制约参与意愿的又是什么因素？每个人都有各自的考虑，因此，若想逐一罗列制约居民参与意愿的因素并进行分析，事实上是不可能的。但是通过进一步比较调查数据，发现居民对于所属住区的情感认同程度和利益关联程度是制约居民参与意愿的两个主要因素。居民和所属社区的实际利益联系越紧密，社区事务和居民利益联系越紧密，那么居民对其越关注，参与意愿就会越强。否则居民就可能忽视这些事情。这一点从调查结果可以明显地反映出来。首先，就不同类型参与意愿而言，居民的经济参与意愿相对较强，参与改造规划可能使自己的需求得以体现，而参与一般的社区活动可能与自身的需求无关，因而问题 1 所反映出来的居民参与意愿更为强烈；其次，居民与住区的利益关联强度既有一个绝对的维度，即自身与社区有哪些实际利益关系，也有一个相对的维度，即自身与社区的利益关联和与外界的利益关联哪个更强。对于居民参与住区事务的意愿的影响而言，利益关联的相对强度可能是一个更值得注意的方面。上述的调查结果显示，相对而言，那些年龄相对较轻（25 岁以下）的、学历较高（大专以上）的居民的参与意愿更弱，其中非常重要的原因就在于这些居民相对其他人来说与外部世界的利益牵连更多，从而与社区的利益关联就显得相对更弱。事实上，在进一步的当面访谈中发现，相当一部分被调查者之所以表示“不太愿意”参与住区事务，实际上并非纯粹的不愿意，而是因为没有时间，原因是他们觉得外部世界中有更重要、对他们更有意义的事情要做。

4. 社区的归属感影响居民的参与意愿

同样须比较一下居民对社区的情感认同程度对参与意愿的影响。实际利益动机固然影响居民参与意愿，甚至是最重要的因素，但情感因素的影响也须重视。其实我们平时参加某些事务和活动，并不完全是出于对直接利害关系的考虑，而是觉得自己有责任、有义务参与，甚至纯粹将其作为一种娱乐活动。居民对社区的情感认同必然会加强他们对社区事务的责任感、义务感，而且，即使在参与某种活动纯粹是出于娱乐动机的情况下，当他们与其他参与者具有情感交流时，从中获得的愉悦才会更大。因此可以推测，居民对社区的情感认同程度越高，其参与意愿会越强。从表 4-30 的调查结果基本上可以印证这一点。

对小区有无感情与参加居住小区或社区组织的各项活动关系　表 4-30

是否对小区有感情	有无意愿参加居住小区或社区组织的各项活动				总　计
	非常愿意	愿意，但要看有没有时间	无所谓	不愿意	
有	27.2%	58.6%	12.4%	1.8%	100.0%
没有	9.2%	32.2%	48.3%	10.3%	100.0%
不好说	6.6%	52.2%	35.7%	5.5%	100.0%
总计	18.3%	52.8%	24.7%	4.2%	100.0%

一方面，居民在一个社区居住年限越长，他对于社区的情感认同会越高，参与社区事务和活动的意愿就越强，上述的调查结果基本上与此符合。另一方面，与利益关联一样，居民对社区的情感认同也有一个绝对维度和相对维度的问题，或者换句话说，居民对社区的情感认同也要受到其与外部世界关系的影响。一个人与外部世界联系越广阔，在外部世界中能够体验到归属感的群体越多，他对于社区的情感投入就会越少；反之，越是将自己的生活、交往的范围局限到社区之中，那么，他对社区的情感认同就会越高。这也许在很大程度上可以解释为什么上述的调查结果显示那些年龄大的、文化程度不高的居民的参与意愿相对较高。

5. 居民对外部联系的程度影响居民的参与意愿

如上所述，无论是利益关联抑或情感认同，都有一个相对维度，都要受到居民与外界的联系状况的影响。基于此，我们可以进一步说明为什么现在城市社区居民对于社区事务的参与意愿差别较大。其关键在于，全球化的背景下，随着通信手段、传播手段、交通手段、教育手段的发展，以及市场的不断拓展和无孔不入的渗透，无论是在现实利益还是在情感认同方面，现代城市居民与外部世界的联系相比以前来说都越来越丰富、越来越紧密，通常都要大大超过他们与社区内部的联系。因此，比较老一辈、比较那些因教育程度低而对接触外界信息有困难的人群来说，年轻的、高学历的人群参与性相对不高就很好理解了。

总的来讲，旧住宅区公众参与的积极性源于参与活动背后的利益差别，以及社会变迁形成的居民与外部世界联系越来越紧密的局面，不可避免地造成与小区关系相对疏远。

4.3.5　小结

通过分析，可以看到当前旧住宅区居民公众参与意识方面表现为：

（1）参与意识强。不管是对于更新改造规划还是对于旧住宅区其他方面的活动，居民都表现出较强的参与意识，这也在一个侧面反映出民主意识的高涨。

（2）参与活动处于初级阶段。从实施情况来看，旧住宅区更新改造，居民的参与状况处于一个初级的阶段，或者说参与活动的形式意义大于实际意义。

（3）居委会的重要性。从居民期望的参与机构来看，居委会有着良好的群众基础，是为大多数居民所认可的机构。同时，通过互联网以及聘请专业人士也是一种重要的选择。

影响居民参与的因素有：

（1）管理组织的影响。传统基层管理组织特别是居委会的不够健全使得无法有效的组织居民进行公众参与，而新兴的居民自治组织如业主委员会的不够健全同样无法起到应有的作用。

（2）公众参与活动中专业人员与居民相互关系的影响。从实施过程来看，在公众参与过程中居民还是一个被动的角色，与规划专业人员之间的地位是不平等的，专业人员处于支配地位，居民与专业人员不能形成良性的互动关系影响了公众参与实际效果的发挥。

（3）技术支持的影响。对于更新改造过程中的公众参与来讲，从居民的角度，由于缺乏一个固定的、为居民服务的、训练有素的为居民代言的技术支持组织，使得居民无法将有效的需求表达出来，在客观上也影响了公众参与的有效开展。

（4）参与活动与自身利益关系的影响。参与活动与居民自身的利益关系影响着居民参与的积极性，表现为居民对关系自身利益较多的活动参与意识较强，而对关系自身利益较少的活动参与意识较弱。在深层次意义上，其实是在社会转型过程中，居民与所生活的社区之间缺乏有效的中介组织作为联系的纽带，而使得居民与所在社区关系趋于离散，居民自身的利益与社区的利益没有紧密地结合在一起所造成的。

4.4 影响居民评价结果的因素

4.4.1 考察影响居民评价改造结果的着眼点

与改造方式的分析方法类似，关于考察影响居民对改造结果评价的因素，主要从两方面入手：

（1）客观影响因素：主要考察改造规划操作过程、具体改造方式的形成过程对改造方式评价的影响。

（2）主观影响因素：主要考察居民自然属性（性别、年龄）、社会属性（学历、收入水平）以及居住条件（面积、户型、楼层）的差别对改造方式评价的影响。

通过数据分析，发现以上因素对改造结果的评价产生影响。

4.4.2 客观影响因素

4.4.2.1 居民知情状况对居民满意度提升的影响

从统计结果来看，居民是否知情与居住满意度的提升之间没有必然的联系，说明居民在评价改造的效果时，主要是依据改造对居住生活的改善状况决定（见表4-31）。

知情状况不同与居民满意度提升相互关系　　表4-31

改造类别	对“平改坡”改造内容的了解程度	满意度变化							总计
		−3	−2	−1	0	1	2	3	
综合改造	全部了解	—	—	5.9%	26.5%	38.2%	29.4%	0.0%	100.0%
	了解一些	—	—	3.4%	35.2%	44.9%	16.0%	0.5%	100.0%
	不了解	—	—	5.2%	26.0%	41.6%	26.0%	1.2%	100.0%
	总计	—	—	4.0%	32.3%	43.7%	19.3%	0.7%	100.0%
住宅改造	全部了解	0.0%	0.0%	11.8%	41.2%	23.5%	17.6%	5.9%	100.0%
	了解一些	0.2%	0.7%	2.4%	72.3%	19.2%	4.6%	0.6%	100.0%
	不了解	0.0%	1.9%	3.2%	76.0%	10.4%	7.8%	0.7%	100.0%
	总计	0.2%	1.0%	3.2%	71.5%	17.2%	6.2%	0.7%	100.0%
道路整治	全部了解	—	2.9%	2.9%	44.1%	23.5%	23.5%	3.1%	100.0%
	了解一些	—	1.5%	7.0%	46.4%	27.7%	16.4%	1.0%	100.0%
	不了解	—	1.3%	5.8%	43.5%	23.4%	22.7%	3.3%	100.0%
	总计	—	1.5%	6.5%	45.5%	26.3%	18.5%	1.7%	100.0%
绿地改造	全部了解	0.0%	0.0%	2.9%	38.2%	17.6%	35.3%	6.0%	100.0%
	了解一些	0.2%	1.2%	6.3%	39.8%	26.7%	23.3%	2.5%	100.0%
	不了解	0.0%	1.9%	3.9%	27.3%	27.3%	35.1%	4.5%	100.0%
	总计	0.2%	1.3%	5.5%	36.5%	26.3%	27.0%	3.2%	100.0%
公共服务设施	全部了解	0.0%	0.0%	0.0%	50.0%	41.2%	8.8%	0.0%	100.0%
	了解一些	0.2%	1.5%	4.9%	63.1%	22.1%	7.5%	0.7%	100.0%
	不了解	0.0%	2.6%	6.5%	59.1%	21.4%	9.1%	1.3%	100.0%
	总计	0.2%	1.7%	5.0%	61.3%	23.0%	8.0%	0.8%	100.0%
市政管线设施	全部了解	—	0.0%	8.8%	44.1%	29.4%	14.7%	3.0%	100.0%
	了解一些	—	0.5%	5.8%	46.1%	26.9%	18.0%	2.7%	100.0%
	不了解	—	1.3%	5.8%	33.8%	27.9%	27.9%	3.3%	100.0%
	总计	—	0.7%	6.0%	42.8%	27.3%	20.3%	2.9%	100.0%

4.4.2.2 居民对具体改造方式认同对居民满意度提升的影响

我们再对比一下发达国家的经验，可以发现“当初西方国家发现许多政府工程在规划时设想得似乎十分周到，设计也非常科学，但建成后却难以满足各种社会阶层的普遍需求”（孙施文，2002）。人们在探讨其根源时逐渐认识到，居住环境的创造过程并不仅仅是技术行为，建造一项工程不仅要考虑怎么建造最经济、最好看、能发挥最佳社会效益，更重要的是看能不能满足当地一个个具体的人的需要。而每个人因为职业、信仰、宗教、种族、收入、受教育程度、社会地位、居住环境的差异，生活方式和诉求也就千差万别。这个结论在本次调查当中得到了验证，几乎对每一项具体内容的改造方式都有超过 20％的居民认为应该采取其他的方式，这一方面反映了设计者有考虑不周全的地方，另一方面也反映了在当今社会民众意识的提高，因为居民永远是生活当中的专家。

从本次问卷统计来看，验证了以上的假设。从表 4-32 可以看出，居民对改造方式越是认同，满意度提升越大，因此，通过与居民沟通来寻求一条合适的解决途径是满足居民需求的必要途径。居民对具体改造方式的认同影响居民满意度的提升。

不同地区对采取的改造方式的态度与满意变化的关系　　表 4-32

改造类别	对方式的评价	满意度变化							总计
		－3	－2	－1	0	1	2	3	
房屋整修	非常好	0.0％	0.0％	0.0％	53.3％	20.0％	20.0％	6.7％	100.0％
	比较好	0.0％	1.1％	2.3％	71.1％	17.1％	7.6％	0.8％	100.0％
	一般	0.6％	0.0％	5.3％	73.7％	17.5％	2.3％	0.6％	100.0％
	其他意见	0.0％	2.2％	2.9％	73.5％	16.2％	5.2％	0.0％	100.0％
	总计	0.2％	1.0％	3.2％	71.5％	17.2％	6.2％	0.7％	100.0％
道路整治	非常好	—	0.0％	0.0％	36.4％	27.3％	36.3％	0.0％	100.0％
	比较好	—	1.4％	3.2％	36.4％	29.0％	27.6％	2.4％	100.0％
	一般	—	2.0％	10.9％	52.0％	26.7％	6.9％	1.5％	100.0％
	其他意见	—	0.0％	8.6％	62.4％	17.2％	11.8％	0.0％	100.0％
	总计	—	1.5％	6.5％	45.5％	26.3％	18.5％	1.7％	100.0％
绿地活动场地	非常好	0.0％	0.0％	0.0％	32.4％	16.2％	43.2％	8.2％	100.0％
	比较好	0.0％	0.8％	4.2％	26.5％	24.4％	39.9％	4.2％	100.0％
	一般	0.5％	1.4％	10.1％	45.7％	29.3％	12.0％	1.0％	100.0％
	其他意见	0.0％	2.6％	1.7％	41.9％	28.2％	22.2％	3.4％	100.0％
	总计	0.2％	1.3％	5.5％	36.5％	26.3％	27.0％	3.2％	100.0％
公共服务设施	非常好	0.0％	0.0％	0.0％	40.9％	31.8％	22.7％	4.6％	100.0％
	比较好	0.0％	1.4％	5.8％	57.5％	22.2％	12.1％	1.0％	100.0％
	一般	0.0％	0.4％	5.7％	62.0％	26.2％	5.3％	0.4％	100.0％
	其他意见	1.0％	5.6％	2.8％	71.3％	14.8％	3.5％	1.0％	100.0％
	总计	0.2％	1.7％	5.0％	61.3％	23.0％	8.0％	0.8％	100.0％

续表

改造类别	对方式的评价	满意度变化							总计
		−3	−2	−1	0	1	2	3	
市政管线设施	非常好	—	0.0%	9.1%	27.3%	36.4%	27.2%	0.0%	100.0%
	比较好	—	1.0%	5.5%	38.8%	28.9%	21.3%	4.5%	100.0%
	一般	—	0.0%	6.9%	53.8%	24.8%	13.8%	0.7%	100.0%
	其他意见	—	0.8%	5.3%	43.5%	24.4%	23.7%	2.3%	100.0%
	总计	—	0.7%	6.0%	42.8%	27.3%	20.3%	2.9%	100.0%
综合改造	非常好	—	—	1.6%	19.7%	41.0%	34.4%	3.3%	100.0%
	比较好	—	—	3.7%	28.4%	43.9%	23.6%	0.4%	100.0%
	一般	—	—	4.8%	42.3%	43.4%	9.0%	0.5%	100.0%
	其他意见	—	—	5.6%	33.3%	46.3%	14.8%	0.0%	100.0%
	总计	—	—	4.0%	32.3%	43.7%	19.3%	0.7%	100.0%

4.4.2.3 公众参与对居民满意度提升的影响

在这里，将有无征求意见视为一个初步的公众参与环节，来考察这个环节对满意度提升的影响。

总体来看，有无被征求意见与满意度的变化呈弱相关的关系（见表4-33）。

征求意见与否与满意度变化的相互关系　　表4-33

类　别	改造规划有无征求您的意见	满意度变化状况		
		满意度降低	不变	升高
住宅	有	1.5%	69.0%	29.5%
	没有	5.9%	72.8%	21.3%
	总计	4.4%	71.5%	24.1%
住宅道路及停车设施	有	9.5%	41.0%	49.5%
	没有	7.2%	47.9%	44.9%
	总计	8.0%	45.5%	46.5%
绿化室外活动场地	有	5.3%	33.8%	60.9%
	没有	8.0%	37.9%	54.1%
	总计	7.0%	36.5%	56.5%
公共服务设施	有	5.3%	55.2%	39.5%
	没有	8.0%	64.6%	27.4%
	总计	7.0%	61.3%	31.7%

续表

类　别	改造规划有无征求您的意见	满意度变化状况		
		满意度降低	不变	升高
市政管线设施	有	4.8%	41.4%	53.8%
	没有	7.7%	43.6%	48.7%
	总计	6.7%	42.8%	50.5%
小区周边环境	有	4.3%	27.1%	68.6%
	没有	4.9%	43.6%	51.5%
	总计	4.7%	37.8%	57.5%
总体评价	有	1.4%	25.2%	73.4%
	没有	5.4%	36.2%	58.4%
	总计	4.0%	32.3%	63.7%

统计中显示被征求意见者的满意度升高程度要普遍高于没有被征求意见者，而满意度降低程度要普遍低于没有被征求意见者。不过应该看到，虽然呈现出比较明显的规律，但幅度不是很大。

在进一步的分析中，发现被征求意见者更倾向于自己的意愿在改造中得到了体现，见表4-34。

征求意见与否与意愿是否体现的相互关系　　表4-34

改造规划有无征求您的意见	您的意愿是否在改造中得到体现			总　计
	全部体现	体现了一部分	没有体现	
有	2.9%	68.1%	29.0%	100.0%
没有	1.0%	61.3%	37.7%	100.0%
总计	1.7%	63.7%	34.6%	100.0%

既然当前参与环节对改造方式的评价影响不大，那么，为什么在评价结果当中会体现出一种促进的作用？是不是因为被征求意见而促进了满意度的提升？

在解释这个问题时，我们再回头关注一下过程。被征求意见的居民虽然不一定认同改造的方式，但他能够比较清楚特定的改造会给他们的生活带来哪些方便，而没有被征求意见的居民往往不能较为全面的理解改造给他们的生活所带来的便利，这也是在调查员入户作问卷调查时普遍能够感觉到的一种现象。因此，被征求意见与否最大的差异就是是否能够充分领会改造在哪些方面方便了日常生活、改善生活的质量。在这个意义上，居民对更新改造的了解程度就变得比较有意义。

不过，从对更新改造的了解情况来看，居民普遍的情况是对本小区的改造了解不够全面，甚至还有25.7%的居民一无所知。而同时，征求意见者对改造的了解程度要高于没有被征求意见者。因此，关于对改造结果的评价，笔者认为居民对“平改坡”综合改造的了解程度，以及是否能够真正领会改造带给他们的意图更能够影响对结果的评价。见表4-35、表4-36。

对“平改坡”改造内容的了解程度　　表4-35

选项	频次	百分比	有效百分比	累积百分比
全部了解	34	5.7%	5.7%	5.7%
了解一些	412	68.6%	68.6%	74.3%
不了解	154	25.7%	25.7%	100.0%
总计	600	100.0%	100.0%	

改造规划有无征求您的意见与对改造内容的了解程度关系　　表4-36

改造规划有无征求您的意见	对“平改坡”改造内容的了解程度			总计
	全部了解	了解一些	不了解	
有	9.5%	70.5%	20.0%	100.0%
没有	3.6%	67.7%	28.7%	100.0%
总计	5.7%	68.7%	25.6%	100.0%

在进一步的分析中可以发现，被征求意见者体现出更高的自豪感以及对小区发展更高的信心。从这个意义上，虽然征求意见只是一个小的环节，但从目前的统计结果来看，这个过程还是体现出一个积极的作用。见表4-37、表4-38。

居民有无被征求意见与自豪感之间的关系　　表4-37

改造规划有无征求您的意见	向他人介绍自己社区时，是否有自豪感				总　计
	很自豪	有点自豪	没什么感觉	感觉有点难过	
有	7.1%	52.4%	37.1%	3.4%	100.0%
没有	2.8%	30.5%	62.1%	4.6%	100.0%
总计	4.3%	38.2%	53.3%	4.2%	100.0%

居民有无被征求意见与对小区发展信心的关系　　表4-38

改造规划有无征求您的意见	对小区的发展有无信心			总　计
	有信心	很难说	没有信心	
有	49.5%	37.1%	13.4%	100.0%
没有	28.7%	54.4%	16.9%	100.0%
总计	36.0%	48.3%	15.7%	100.0%

4.4.2.4 不同地区的差异

应该说，经过 20 世纪 90 年代以大规模的清理棚户区的阶段以后，上海当前的旧住宅区改造进入了以改善（Improvement）和整治（Rehabilitation）为主要改造方式的阶段。虽然总体上取得了较大的成效，但对于各个小区来说，由于地理位置、居民状况、基本素质等因素的不同，小区的基本情况相差非常大。前面的表格已经清楚地验证了这个事实。

居民满意度的差别可以看出改造的侧重点应该不同，但从综合改造确定的内容来看，虽然规定了因地制宜的原则，改造内容有一定的灵活性，但由于制定了统一的内容框架，对于特定小区来说，针对性不强，实际上改造的模式和内容基本上是一样的，并且小区居民的认可情况有可能不同，并且效果也可能出现较大的差异。表 4-39 是关于小区改造后满意度的变化情况，可以看出差异也非常大，验证了上述的假设。说明用统一的手段解决不同的问题会出现多种结果，从而影响居民意愿的实现。在统计中显示，长宁区的香花小区对改造效果的评价最高，有 92.2%的居民认为经过改造，他们对小区的整体满意度有了提高，但虹口区的海虹小区只有 26.5%的居民认为满意度有了提升，甚至有 18.1%的居民认为经过改造他们的满意度不但没有提升，反而还有下降，这种情况不能不引起政府部门的重视。

不同地区满意度的变化情况　　表 4-39

改造类别	地区	满意度变化							总计
		−3	−2	−1	0	1	2	3	
综合改造	杨浦区	—	—	5.7%	27.2%	26.2%	39.3%	1.6%	100.0%
	虹口区	—	—	18.1%	55.4%	21.7%	4.8%	0.0%	100.0%
	普陀区	—	—	0.0%	29.5%	59.2%	9.9%	1.4%	100.0%
	闸北区	—	—	0.8%	21.0%	53.2%	25.0%	0.0%	100.0%
	静安区	—	—	0.7%	46.3%	47.1%	5.9%	0.0%	100.0%
	长宁区	—	—	0.0%	7.8%	62.5%	28.1%	1.6%	100.0%
	总计	—	—	4.0%	32.3%	43.7%	19.3%	0.7%	100.0%
房屋整修	杨浦区	0.0%	0.8%	1.6%	79.6%	7.4%	9.8%	0.8%	100.0%
	虹口区	1.2%	2.4%	6.0%	66.3%	21.7%	1.2%	1.2%	100.0%
	普陀区	0.0%	1.4%	2.8%	67.6%	9.9%	14.1%	4.2%	100.0%
	闸北区	0.0%	0.0%	0.8%	70.2%	25.0%	4.0%	0.0%	100.0%
	静安区	0.0%	1.5%	6.6%	61.8%	23.5%	6.6%	0.0%	100.0%
	长宁区	0.0%	0.0%	0.0%	90.6%	9.4%	0.0%	0.0%	100.0%
	总计	0.2%	1.0%	3.2%	71.4%	17.2%	6.2%	0.8%	100.0%

续表

改造类别	地区	满意度变化							总计
		−3	−2	−1	0	1	2	3	
道路整治	杨浦区	—	3.3%	1.6%	41.0%	9.8%	40.2%	4.1%	100.0%
	虹口区	—	1.2%	15.7%	54.2%	22.9%	4.8%	1.2%	100.0%
	普陀区	—	4.2%	15.5%	64.8%	12.7%	1.4%	1.4%	100.0%
	闸北区	—	0.8%	4.8%	21.8%	36.3%	35.5%	0.8%	100.0%
	静安区	—	0.0%	5.1%	64.8%	23.5%	5.1%	1.5%	100.0%
	长宁区	—	0.0%	0.0%	26.5%	64.1%	9.4%	0.0%	100.0%
	总计	—	1.5%	6.5%	45.5%	26.3%	18.5%	1.7%	100.0%
绿地改造	杨浦区	0.0%	0.8%	1.6%	31.1%	10.7%	49.2%	6.6%	100.0%
	虹口区	1.2%	4.8%	18.1%	47.0%	24.1%	4.8%	0.0%	100.0%
	普陀区	0.0%	1.4%	7.0%	64.9%	19.7%	5.6%	1.4%	100.0%
	闸北区	0.0%	0.8%	4.0%	15.3%	35.5%	37.9%	6.5%	100.0%
	静安区	0.0%	0.7%	4.4%	54.5%	31.6%	8.8%	0.0%	100.0%
	长宁区	0.0%	0.0%	0.0%	4.7%	37.5%	54.7%	3.1%	100.0%
	总计	0.2%	1.3%	5.5%	36.5%	26.3%	27.0%	3.2%	100.0%
公共服务设施	杨浦区	0.8%	6.6%	6.6%	57.3%	7.4%	19.7%	1.6%	100.0%
	虹口区	0.0%	1.2%	9.6%	71.1%	16.9%	0.0%	1.2%	100.0%
	普陀区	0.0%	0.0%	5.6%	70.4%	15.5%	8.5%	0.0%	100.0%
	闸北区	0.0%	0.0%	2.4%	52.4%	37.1%	8.1%	0.0%	100.0%
	静安区	0.0%	0.7%	4.4%	75.1%	16.9%	2.2%	0.7%	100.0%
	长宁区	0.0%	0.0%	1.6%	34.3%	54.7%	7.8%	1.6%	100.0%
	总计	0.2%	1.7%	5.0%	61.3%	23.0%	8.0%	0.8%	100.0%
市政管线	杨浦区	—	1.6%	1.6%	38.6%	12.3%	40.2%	5.7%	100.0%
	虹口区	—	1.2%	10.8%	66.3%	16.9%	4.8%	0.0%	100.0%
	普陀区	—	0.0%	8.5%	52.1%	33.8%	4.2%	1.4%	100.0%
	闸北区	—	0.8%	4.8%	26.6%	31.5%	33.1%	3.2%	100.0%
	静安区	—	0.0%	9.6%	57.3%	26.5%	6.6%	0.0%	100.0%
	长宁区	—	0.0%	0.0%	10.9%	56.3%	25.0%	7.8%	100.0%
	总计	—	0.7%	6.0%	42.9%	27.3%	20.3%	2.8%	100.0%

不管从发达国家的经验以及现实的需求状况来看，有针对性地改造是这个阶段旧住宅区改造的必然要求。客观地讲，上海当前采用的方式还是类似以前大规模改造的类型，虽然在事实上也提高了居民的生活质量，但用相对统一的手段解决不同的问题必然会影响实施效果，从而影响居民意愿的

实现。

居住满意度相对较高的情况下着眼于面的改造方式值得商榷，着眼于点应该针对性强一些。特别是在长效机制提出的条件下，抓住重点各个击破的策略更为合适一些。

4.4.2.5 基于不同改造出发点的认同对居民满意度提升的影响

随着生活水平的提高，居民对居住环境的要求也在提高。从统计结果来看，实用和美观相结合的观念得到大多数人的认同。究其原因就是旧住宅区居民希望通过对小区面貌的改变，来获得更高层次的社会认同，用老百姓的话说是住的“更体面”一点。但统计结果反映出的是在实用基础上的“实用和美观”相结合，并非是站在美观基础上的“实用和美观”相结合。考察关注不同的改造出发点的居民满意度变化，可以看出侧重实用角度的居民满意度提升最小，这也验证了当前改造依次体现了注重美观、美观和实用并重、实用三个群体的意愿（见表4-40），更符合美观的要求。

关注不同改造侧重点的居民满意度提升变化　　表4-40

改造类别	改造应注重的方面	满意度变化							总计
		−3	−2	−1	0	1	2	3	
综合改造	美观	—	—	0.0%	8.4%	83.3%	8.3%	0.0%	100.0%
	实用	—	—	4.6%	43.8%	34.6%	16.3%	0.7%	100.0%
	美观实用并重	—	—	3.9%	29.0%	45.7%	20.7%	0.7%	100.0%
	总计	—	—	4.0%	32.3%	43.7%	19.3%	0.7%	100.0%
住宅改造	美观	0.0%	0.0%	0.0%	66.7%	25.0%	8.3%	0.0%	100.0%
	实用	0.7%	0.0%	3.3%	71.2%	18.3%	6.5%	0.0%	100.0%
	美观实用并重	0.0%	1.4%	3.2%	71.7%	16.6%	6.0%	1.1%	100.0%
	总计	0.2%	1.0%	3.2%	71.4%	17.2%	6.2%	0.8%	100.0%
道路整治	美观	—	0.0%	8.3%	16.7%	41.7%	33.3%	0.0%	100.0%
	实用	—	1.3%	6.5%	55.6%	16.3%	18.3%	2.0%	100.0%
	美观实用并重	—	1.6%	6.4%	42.8%	29.4%	18.2%	1.6%	100.0%
	总计	—	1.5%	6.5%	45.5%	26.3%	18.5%	1.7%	100.0%
绿地改造	美观	0.0%	0.0%	16.7%	41.7%	8.3%	25.0%	8.3%	100.0%
	实用	0.0%	0.0%	3.9%	47.0%	26.8%	21.6%	0.7%	100.0%
	美观实用并重	0.2%	1.8%	5.7%	32.7%	26.7%	29.0%	3.9%	100.0%
	总计	0.2%	1.3%	5.5%	36.5%	26.3%	27.0%	3.2%	100.0%
公共服务设施	美观	0.0%	0.0%	0.0%	41.7%	50.0%	8.3%	0.0%	100.0%
	实用	0.0%	2.0%	7.8%	67.3%	15.0%	7.2%	0.7%	100.0%
	美观实用并重	0.2%	1.6%	4.1%	59.8%	25.1%	8.3%	0.9%	100.0%
	总计	0.2%	1.7%	5.0%	61.3%	23.0%	8.0%	0.8%	100.0%

续表

改造类别	改造应注重的方面	满意度变化							总计
		−3	−2	−1	0	1	2	3	
市政管线设施	美观	—	0.0%	0.0%	16.7%	50.0%	33.3%	0.0%	100.0%
	实用	—	0.7%	9.2%	47.6%	20.9%	20.9%	0.7%	100.0%
	美观实用并重	—	0.7%	5.1%	41.7%	29.0%	19.8%	3.7%	100.0%
	总计	—	0.7%	6.0%	42.9%	27.3%	20.3%	2.8%	100.0%

从“平改坡”改造的发展历程来看，目前的旧小区平改坡综合改造工程除了改善居民的物质生活条件以外，还是带有一定色彩的城市美化性质。所有改造的小区都是以住宅加顶为特色的，客观地说这种方式改善了一部分住户的居住条件，但从问卷统计的结果来看效果不是很明显。并且在调查员入户调查访谈当中，很多顶层的住户虽然承认坡顶改善了他们的居住条件，但认为有些问题还是没有解决，如屋顶的渗漏问题，同时带来了其他的一些问题，如坡屋顶的排水问题，屋顶的材料问题等。从他们的意愿来讲住宅的改造更应该符合使用、适用的原则。因此，在目前阶段，侧重美观角度出发的改造方式影响改造的效果。

4.4.2.6 基于现状评价对居民满意度提升的影响

我们换一个角度，来考察一下居民对改造前现状的评价与改造结果之间的关系。

统计结果显示，居民对以前的状况越不满意，改造后满意度提升越大。这说明从改造结果方面看，还是反映了不满意的居民的意愿。说明通过改造，还是有效地提升了居民的满意度，对于整体提升居住品质起到积极的作用。见表 4-41。

居民对平改坡前小区的总体评价与总体评价变化相互关系　　表 4-41

改造前对小区的总体评价	总体评价变化							总计
	−3	−2	−1	0	1	2	3	
较满意	—	—	9.4%	71.8%	18.8%	0.0%	0.0%	100.0%
一般	—	—	5.7%	38.1%	52.7%	3.5%	0.0%	100.0%
不太满意	—	—	1.9%	20.5%	38.8%	38.4%	0.4%	100.0%
很不满意	—	—	0.0%	40.9%	22.7%	22.8%	13.6%	100.0%
总计	—	—	4.0%	32.3%	43.7%	19.3%	0.7%	100.0%
改造前对道路停车设施评价	道路及停车设施满意变化							总计
	−3	−2	−1	0	1	2	3	
很满意	—	0.0%	100.0%	0.0%	0.0%	0.0%	0.0%	100.0%
较满意	—	14.0%	14.0%	64.0%	8.0%	0.0%	0.0%	100.0%

续表

改造前对道路停车设施评价	道路及停车设施满意变化							总计
	−3	−2	−1	0	1	2	3	
一般	—	0.9%	12.3%	53.9%	31.1%	1.8%	0.0%	100.0%
不太满意	—	0.0%	1.4%	37.0%	26.3%	34.9%	0.4%	100.0%
很不满意	—	0.0%	0.0%	39.1%	23.9%	17.4%	19.6%	100.0%
总计	—	1.5%	6.5%	45.5%	26.3%	18.5%	1.7%	100.0%
改造前对绿化活动场地评价	绿化室外活动场地满意变化							总计
	−3	−2	−1	0	1	2	3	
很满意	0.0%	0.0%	33.3%	66.7%	0.0%	0.0%	0.0%	100.0%
较满意	1.3%	5.3%	10.7%	74.7%	8.0%	0.0%	0.0%	100.0%
一般	0.0%	2.2%	7.5%	43.0%	41.9%	5.4%	0.0%	100.0%
不太满意	0.0%	0.0%	3.4%	22.3%	23.7%	49.2%	1.4%	100.0%
很不满意	0.0%	0.0%	0.0%	36.5%	9.8%	17.1%	36.6%	100.0%
总计	0.2%	1.3%	5.5%	36.5%	26.3%	27.0%	3.2%	100.0%
改造前对公共服务设施评价	公共服务设施满意变化							总计
	−3	−2	−1	0	1	2	3	
很满意	0.0%	0.0%	35.0%	65.0%	0.0%	0.0%	0.0%	100.0%
较满意	0.8%	6.6%	5.7%	76.2%	10.7%	0.0%	0.0%	100.0%
一般	0.0%	0.8%	4.6%	71.5%	21.6%	1.5%	0.0%	100.0%
不太满意	0.0%	0.0%	2.3%	38.4%	36.6%	22.7%	0.0%	100.0%
很不满意	0.0%	0.0%	0.0%	40.8%	22.2%	18.5%	18.5%	100.0%
总计	0.2%	1.7%	5.0%	61.3%	23.0%	8.0%	0.8%	100.0%
改造前对市政管线设施评价	市政管线设施满意变化							总计
	−3	−2	−1	0	1	2	3	
很满意	—	0.0%	50.0%	50.0%	0.0%	0.0%	0.0%	100.0%
较满意	—	1.6%	14.6%	74.9%	8.9%	0.0%	0.0%	100.0%
一般	—	1.1%	4.3%	43.8%	48.7%	2.1%	0.0%	100.0%
不太满意	—	0.0%	1.3%	26.3%	23.3%	47.0%	2.1%	100.0%
很不满意	—	0.0%	0.0%	35.0%	17.5%	17.5%	30.0%	100.0%
总计	—	0.7%	6.0%	42.9%	27.3%	20.3%	2.8%	100.0%

此外，还发现住在顶层的住户住宅满意度提升要高一些，这缘于顶层住户对“平改坡”这种方式受益最多。见表 4-42。

是否住顶层与住宅满意变化的关系 **表 4-42**

受访者是否住顶层	住宅满意变化							总计
	−3	−2	−1	0	1	2	3	
是	0.9%	1.8%	3.5%	45.2%	28.3%	16.8%	3.5%	100.0%
否	0.0%	0.8%	3.1%	77.6%	14.6%	3.7%	0.2%	100.0%
总计	0.2%	1.0%	3.2%	71.4%	17.2%	6.2%	0.8%	100.0%

4.4.2.7 施工质量的评价满意度的提升影响

旧住宅区改造的目的是为了居民生活，因此从使用角度出发对结果的评价就变得有实际意义。居民对施工质量的评价也影响满意度的提升。见表4-43、表4-44。

小区施工的质量满意程度 **表 4-43**

选项	频次	百分比	有效百分比	累积百分比
满意	70	11.7	11.7	11.7
一般	377	62.8	62.8	74.5
不满意	153	25.5	25.5	100.0
总计	600	100.0	100.0	

对小区施工的质量的评价与满意度变化的关系 **表 4-44**

改造类别	对施工质量的评价	满意度变化							总计
		−3	−2	−1	0	1	2	3	
综合改造	满意	—	—	0.0%	14.3%	47.1%	35.7%	2.9%	100.0%
	一般	—	—	4.0%	30.4%	47.5%	17.8%	0.3%	100.0%
	不满意	—	—	5.9%	45.0%	32.7%	15.7%	0.7%	100.0%
	总计	—	—	4.0%	32.3%	43.7%	19.3%	0.7%	100.0%
住宅改造	满意	0.0%	0.0%	2.9%	55.6%	24.3%	12.9%	4.3%	100.0%
	一般	0.3%	0.5%	3.2%	71.1%	18.8%	5.6%	0.5%	100.0%
	不满意	0.0%	2.6%	3.3%	79.7%	9.8%	4.6%	0.0%	100.0%
	总计	0.2%	1.0%	3.2%	71.4%	17.2%	6.2%	0.8%	100.0%
道路整治	满意	—	1.4%	1.4%	34.4%	25.7%	31.4%	5.7%	100.0%
	一般	—	1.3%	7.7%	43.0%	29.2%	17.5%	1.3%	100.0%
	不满意	—	2.0%	5.9%	56.8%	19.6%	15.0%	0.7%	100.0%
	总计	—	1.5%	6.5%	45.5%	26.3%	18.5%	1.7%	100.0%
绿地改造	满意	0.0%	0.0%	4.3%	22.8%	24.3%	40.0%	8.6%	100.0%
	一般	0.3%	1.3%	5.8%	37.7%	26.8%	26.0%	2.1%	100.0%
	不满意	0.0%	2.0%	5.2%	39.9%	26.1%	23.5%	3.3%	100.0%
	总计	0.2%	1.3%	5.5%	36.5%	26.3%	27.0%	3.2%	100.0%

续表

改造类别	对施工质量的评价	满意度变化							总计
		－3	－2	－1	0	1	2	3	
公共服务设施	满意	0.0%	0.0%	1.4%	47.2%	30.0%	17.1%	4.3%	100.0%
	一般	0.0%	0.0%	4.2%	62.9%	24.4%	8.0%	0.5%	100.0%
	不满意	0.7%	6.5%	8.5%	64.1%	16.3%	3.9%	0.0%	100.0%
	总计	0.2%	1.7%	5.0%	61.3%	23.0%	8.0%	0.8%	100.0%
市政管线设施	满意	—	0.0%	2.9%	37.1%	20.0%	32.9%	7.1%	100.0%
	一般	—	0.3%	6.1%	40.5%	32.4%	18.8%	1.9%	100.0%
	不满意	—	2.0%	7.1%	51.0%	18.3%	18.3%	3.3%	100.0%
	总计	—	0.7%	6.0%	42.9%	27.3%	20.3%	2.8%	100.0%

4.4.3 主观影响因素

从交互分析来看，关于改造的结果不受居民自身自然属性（性别、年龄）、社会属性（学历、收入水平）的影响。

4.4.4 小结

通过以上分析，可以看出：

（1）居民对改造结果的评价还是表现出比较客观的评价，在满意度变化方面，除了居住在顶层的受访者因为“平改坡”的住宅改造方式受益最多而体现出更高的满意度提升，不受自身自然属性、社会属性的影响。

（2）居民的知情状况与否不影响居住满意度的提升。说明居民对结果的判断不受这个环节的影响。

（3）居民对改造方式的认同影响居民对改造效果的判断。居民对改造方式认同度越高，满意度提升越高。这一方面说明设计人员应该与居民一起找出一个解决问题方法的重要性，另一方面也说明过程的重要性。

（4）公众参与对居民对改造效果的判断有促进作用。虽然在改造当中只是征求意见的一个环节，但还是起到了积极的作用，被征求意见的居民体现出更高的满意度、自豪感以及发展信心。

（5）居民对改造结果的评价受使用状况的影响。居民对施工质量的评价影响着对结果的评价。

（6）各个地区对改造结果评价的差异较大，说明这种改造方式对各个地区改造所起的作用不同，这也就凸现出改造标准的问题。改造采用相同的改造标准不合适。

（7）改造的结果再一次证明了当前的改造方式不能很好地做到“实用和美观”相结合。某些美观的东西不实用，统计显示，追求“美观”的居民满意度提升最大，而追求“实用”的居民满意度提升最小，这从另一个侧面反映了当前改造方式的倾向性。

4.5 影响居民出资意愿的因素

4.5.1 影响居民出资意愿的客观因素

1. 与了解程度有关

从表 4-45 可以看出，了解程度越高，出资意愿越高。

对“平改坡”改造内容的了解程度与出资意愿的关系　　表 4-45

对“平改坡”改造内容的了解程度	小区改造产生的费用居民个人是否应负担其中的一部分			总　计
	应该的	不应该	不知道	
全部了解	58.8%	38.3%	2.9%	100.0%
了解一些	46.5%	41.8%	11.7%	100.0%
不了解	27.3%	54.5%	18.2%	100.0%
总计	42.2%	44.9%	12.9%	100.0%

2. 方式的评价

从表 4-46 可以看出，改造方式的评价与出资意愿呈弱正相关关系。

对改造方式的态度与出资意愿的关系　　表 4-46

改造类别	居民对采取方式的态度	小区改造产生的费用居民个人是否应负担其中的一部分			总　计
		应该的	不应该	不知道	
综合改造	非常好	53.3%	35.0%	11.7%	100.0%
	比较好	49.7%	40.2%	10.1%	100.0%
	一般	27.5%	55.0%	17.5%	100.0%
	其他意见	40.1%	46.3%	13.6%	100.0%
	总计	42.2%	44.9%	12.9%	100.0%
房屋整修	非常好	60.0%	30.0%	10.0%	100.0%
	比较好	46.4%	44.5%	9.1%	100.0%
	一般	31.2%	50.6%	18.2%	100.0%
	其他意见	43.3%	42.5%	14.2%	100.0%
	总计	42.2%	44.9%	12.9%	100.0%
绿地及活动场地改造	非常好	45.9%	37.9%	16.2%	100.0%
	比较好	43.0%	45.6%	11.4%	100.0%
	一般	38.5%	48.0%	13.5%	100.0%
	其他意见	46.2%	40.1%	13.7%	100.0%
	总计	42.2%	44.9%	12.9%	100.0%

续表

改造类别	居民对采取方式的态度	小区改造产生的费用居民个人是否应负担其中的一部分			总 计
		应该的	不应该	不知道	
道路整治	非常好	63.6%	36.4%	0.0%	100.0%
	比较好	50.0%	38.3%	11.7%	100.0%
	一般	35.6%	51.5%	12.9%	100.0%
	其他意见	28.0%	52.6%	19.4%	100.0%
	总计	42.2%	44.9%	12.9%	100.0%
公共服务设施改造	非常好	45.5%	50.0%	4.5%	100.0%
	比较好	46.6%	39.8%	13.6%	100.0%
	一般	43.3%	45.3%	11.4%	100.0%
	其他意见	30.6%	52.7%	16.7%	100.0%
	总计	42.2%	44.9%	12.9%	100.0%
市政管线设施改造	非常好	48.5%	45.4%	6.1%	100.0%
	比较好	42.4%	47.3%	10.3%	100.0%
	一般	37.9%	46.9%	15.2%	100.0%
	其他意见	45.0%	37.4%	17.6%	100.0%
	总计	42.2%	44.9%	12.9%	100.0%

3. 结果的评价

从表 4-47 可以看出，满意度变化与出资意愿呈弱正相关关系。

满意度变化与出资意愿的关系 **表 4-47**

改造类别	满意度变化状况	小区改造产生的费用居民个人是否应负担其中的一部分			总 计
		应该的	不应该	不知道	
综合改造	满意度降低	36.7%	59.1%	4.2%	100.0%
	满意度不变	38.1%	47.5%	14.4%	100.0%
	满意度提高	42.8%	44.6%	12.6%	100.0%
	总计	42.2%	44.9%	12.9%	100.0%
房屋整修	满意度降低	38.5%	42.3%	19.2%	100.0%
	满意度不变	39.3%	50.0%	10.7%	100.0%
	满意度提高	51.7%	31.1%	17.2%	100.0%
	总计	42.2%	44.9%	12.9%	100.0%

续表

改造类别	满意度变化状况	小区改造产生的费用居民个人是否应负担其中的一部分			总　计
		应该的	不应该	不知道	
绿地及活动场地改造	满意度降低	54.8%	35.7%	9.5%	100.0%
	满意度不变	38.8%	48.4%	12.8%	100.0%
	满意度提高	42.9%	43.8%	13.3%	100.0%
	总计	42.2%	44.9%	12.9%	100.0%
道路整治	满意度降低	41.2%	48.4%	10.4%	100.0%
	满意度不变	36.6%	48.0%	15.4%	100.0%
	满意度提高	47.8%	41.4%	10.8%	100.0%
	总计	42.2%	44.9%	12.9%	100.0%
公共服务设施改造	满意度降低	31.7%	56.1%	12.2%	100.0%
	满意度不变	40.5%	45.9%	13.6%	100.0%
	满意度提高	47.9%	40.5%	11.6%	100.0%
	总计	42.2%	44.9%	12.9%	100.0%
市政管线设施改造	满意度降低	45.0%	37.5%	17.5%	100.0%
	满意度不变	39.7%	48.6%	11.7%	100.0%
	满意度提高	44.0%	42.8%	13.2%	100.0%
	总计	42.2%	44.9%	12.9%	100.0%

4. 各个地区差别较大

见表 4-48。

不同地区的出资意愿比较　　表 4-48

地　区	小区改造产生的费用居民个人是否应负担其中的一部分			总　计
	应该的	不应该	不知道	
杨浦区	40.5%	45.5%	14.0%	100.0%
虹口区	77.1%	19.3%	3.6%	100.0%
普陀区	26.8%	66.2%	7.0%	100.0%
闸北区	62.1%	28.2%	9.7%	100.0%
静安区	20.6%	51.5%	27.9%	100.0%
长宁区	25.0%	71.9%	3.1%	100.0%
总计	42.2%	44.9%	12.9%	100.0%

4.5.2　影响居民出资意愿的主观因素

通过统计分析，对于改造是否出资，受居民收入的一定影响，但差别不大，在进一步的分析当中，居民的出资意愿不受居民其他自然属性、社会属性的影响。见表 4-49。

收入与出资意愿的关系 **表 4-49**

受访者的月均收入	小区改造产生的费用居民个人是否应负担其中的一部分			总　计
	应该的	不应该	不知道	
1000 元以下	36.8%	48.6%	14.6%	100.0%
1001～2000 元	44.3%	43.9%	11.8%	100.0%
2001～3000 元	51.6%	37.5%	10.9%	100.0%
3001 元以上	45.1%	45.1%	9.8%	100.0%
总计	42.3%	45.1%	12.6%	100.0%

4.5.3 小结

通过以上分析，可以看出：

（1）居民对出资的态度有很大分歧，一方面表现为在整体上，居民关于出资与否的态度模棱两可，不够明确；另一方面地区差异性很大。

（2）居民的出资意愿虽然受居民收入的一定影响，但并不显著，而且居民的出资意愿不受居民其他自然属性、社会属性的影响，说明对于应该出资与否，自身经济状况并不是居民所考虑的主要问题。

（3）改造本身对居民的出资意愿产生影响。居民的知情状况、居民对于改造方式的认可以及居民对改造结果的评价影响着居民出资的意愿，这也说明了，只有将居民紧密地纳入到改造活动中来、共同发现问题和解决问题，才能充分的反应居民的利益、表达居民的意愿，同时对居民出资改造起到积极的作用。

4.6 专业领域的影响：当前更新改造规划对居民意愿的影响

4.6.1 当前城市规划发展阶段产生的问题

4.6.1.1 城市发展对城市规划的要求

20 世纪 90 年代以来，在经济的快速发展、经济体制逐步向市场经济体制转型的背景下，一方面我国开始了社会结构的转型，另一方面随着近年来政治上“创建和谐社会”、经济上“实现全面小康”、法律上“完善土地征用制度、健全社会保障制度”[1] 等一系列措施的相继出台，预示着中国社会的发展从单纯注重经济的高度发展、强调“效率优先、兼顾公平”，逐步向注

1　2004 年 3 月十届全国人大二次会议通过对宪法的 13 项修改，其中“第四项，完善土地征用制度；第六项，完善对私有财产保护的规定；第七项，增加建立健全社会保障制度的规定；第八项，增加尊重和保障人权的规定……”从宪法修改的内容来看，体现了社会公平和保护社会弱势群体的特点。

重社会的均衡发展、强调“社会公平”方向转变。

城市发展的变化要求城市规划也应该做出相应的调整，从新中国成立后中国城市的发展历程来看，城市规划有三个技术性阶段目标：在城市发展初期，城市规划是解决有无的问题；在城市迅速发展起来以后，城市规划被作为驱动城市经济发展的重要工具；在这种迅速发展的过程中，伴随诸多矛盾的出现，城市规划应该，也必然成为平衡多方利益的技术手段。

因此，从现实的要求来看，城市规划应该向第三个阶段迈进，要求城市规划的作用从第二阶段的“推动城市经济发展”向第三阶段的“协调社会关系”转变。

4.6.1.2 当前城市规划的实际作用

从现实情况来看，当前城市规划的作用依然表现为第二阶段的特征。

1. 城市规划的独立性不够，仍然是作为城市经济发展促进手段的方式出现

不管是新区建设还是旧区改造，城市规划的目的还是为了更好地完成促进城市发展的任务，而且对经济发展的评价也总是以新区的建设量和旧区的改造量来衡量。

2. 城市规划仍然表现为效率优先

不管是新区建设还是旧区改造，仍然有时间上的要求，这并不是说有时间的要求不对，但使用者的评价很少被顾及，城市规划注重的仍然是结果导向，而非过程导向。

3. 城市规划指导思想仍然是以社会利益均一为出发点

相比其他公共政策部门，包括旧城改造在内的我国城市规划落后于经济社会的发展进程，其做法很大程度上仍然停滞在原有计划经济体制下。这并不是指规划的具体做法上没有适应市场经济的变化，更多的是在于城市规划认识层面的落后，没有随着市场化的经济体制、社会结构而进行相应的变革。我国现代城市规划从出现开始，就将实现“社会共同目标”作为其核心思想，将“追求社会公共利益”作为其最终目的。这一点在原有计划经济的条件下，在城市阶层数量少、社会阶层差别微弱、社会成员组成相对均一的条件下是可行的。因为社会阶层的均一性也意味着社会目标的均一性，使得实现“社会的共同目标”和“公共利益”变得简单容易。然而在当前市场经济条件下，经济增长的同时社会结构也在发生变化，原有的社会阶层均一性被打破，变得越来越复杂。而阶层复杂性的直接结果就是社会目标的分异。因此，相对于计划经济体制下简单化的“社会共同目标”，“社会目标复杂化”就成为当前市场经济条件下社会结构的最显著特征之一。因此如果仍然以“社会的共同目标”为基本出发点，那么城市规划思想就变得明显落后了。在当前各个阶层和利益群体利益差距变大的时候，城市规划简单地采取“追求公共利益”就变得不合时宜，更不能如同其他城市公共政策一样，完

成其促进社会协调发展的功能。需要注意的是，在某些情况下，由于没有认识到价值判断对于城市规划的重要性，城市规划甚至可能成为为特定阶层或利益群体谋取“增长剩余的分配份额”的行政工具（D. Harvey，1972）。

事实上，在上海市旧小区“平改坡”综合改造当中遇到的政策的瓶颈以及改造规范的缺失，实际上是当前城市规划指导思想以“社会利益均一”为出发点的具体表现。“均一”的指导思想导致“均一”的政策以及规范，对于旧住宅区的居民来说，由于没有政策的倾向性或者政策的倾向性不够，导致居民的意愿无法做到倾向性的体现，在客观上影响了改造的效果，在主观上影响了居民对改造的评价。

同时，当前的规划指导思想“均一”的出发点实际上还体现着效率第一的倾向，这种出发点更有利于发展，而与“公平”相背离。

4.6.1.3 对居民意愿的影响

总的来讲，城市规划的实际作用与客观条件需要其发挥的作用之间的矛盾影响了居民意愿的实现。虽然社会发展要求城市规划进行转型，但从目前的情况来看，规划仍然停留在促进经济发展的第二阶段，或者说城市规划正在转型，但实际的效用还没有体现出来。仍然以效率为第一位、以公众利益为第一位，在当前要求规划向弱势群体倾斜的情况下，规划无法发挥应有的作用。

表现为第二阶段特征的城市规划显然无法完成第三阶段的平衡各方利益、倾向弱势群体的任务。在市场经济体制下，在社会群体逐步分化的情况下，在“社会公平”呼声越来越高的情况下，规划仍然延续以前“社会均一”的标准，缺乏倾向于居民的政策。城市规划作为一项公共政策，没有因为时代背景变化而做出适时的调整，这在客观上造成虽然政府更新改造的初衷是基于社会公平的角度，但由于没有特别的有倾向性的政策作为支持，导致改造过程中遇到种种阻碍和问题，目的与手段之间的不匹配、规划手段与规划阶段的不匹配性，其结果就是作为社会弱势群体的旧住宅区居民的利益没有得到有效的体现，他们的意愿没有得到有效的表达。

4.6.2 规划理论自身发展的问题

4.6.2.1 当前城市规划理论发展的滞后性

关于对城市规划的认识，学术界通过对西方规划理论发展历程的总结（如王凯，2003；方澜等，2003；栾峰，2004），逐步形成了统一的认识，认为城市规划理论的发展经历了几个重要的转变过程[1]：

第一，城市规划从“物质形体设计”转变到崇尚系统分析方法（Systematic analysis）的理性决策过程（Rational process of decision-making）的

1 转引自：方澜等. 战后西方城市规划理论的流变. 城市问题，2003（12）.

科学性规划。

第二，规划从“蓝图式”实质性规划逐步变为“过程中”规划，经过1970～1980年代的发展，诸多学者认为城市规划师并非仅仅是扮演有一技之长的专业人员角色，通过自己的主观意识和价值体系来进行城市规划；规划的这种技术性角色应该转变到在公共事务中，扮演汇集群众意见和协调不同利益团体的角色。后来的“联络性规划”（Communicative Planning）以及“倡导性规划”（Advocacy Planning）等就是在对城市规划的反省中出现的城市规划新思路。

第三，以后现代主义规划思潮占主导地位的多元论规划思潮对现代主义的城市规划思想起了很大的冲击，使得“城市规划思想处于划时代的转变时期”。

对应规划理论的发展，并结合前面的分析，当前旧住宅区改造规划存在以下问题：

1. 规划体系的问题：系统的要求与改造规划“不够系统”的矛盾

19世纪中叶开始，系统方法、理性决策以及控制论被引入到城市规划中来，宣告“物质形体设计”理念的城市规划主导地位的终结。1969年，Brain Mcloughin的经典著作《系统方法在城市与区域规划中的应用》（Urban and Regional Planning：A systematical approach）的出版成为这个转变的一个重要标志。该书中提出的规划的标准理论（Normative Theory）已经完全超出了物质形态的设计，强调理性的分析、结构的控制和系统的战略。过程规划理论（Procedural Planning Theory）核心是提出了带有工具理性（Instrumental Rationality）色彩的决策过程的城市规划“理想型”（Ideal-type）概念，要求规划师完全理性和价值中立，而且一直延伸至城市规划中的所有决策人员。“系统”则是针对规划中处于对象的实质规划理论核心：把城市规划的主要对象——城镇、区域乃至整个地域环境作为一个大系统，通过系统方法来对其进行分析和处理，强调整体性、相关性、结构性、动态性和目的性。

总之，系统和理性的城市规划思想带来的转变可以做如下归纳：“物质形体设计”导向的城市规划被视为一门“艺术”，而系统和理性导向的城市规划则被视为一门“科学”。整体环境（区域、城市等）的系统分析涉及系统的实证调查和分析，而理性的决策过程也基本上可视为“科学”的分析过程，这些体现了规划过程的理性内核和规划目标理论的系统内核。而此时，城市规划师也将自己的“设计师”定位转变为“科学系统分析者”的角色，他们相信规划掌握了决策与管理的新技术，并能经过合理的程序对未来的决定做出理性的选择。

在标准理论（Normative Theory）指导下的住区改造规划首先应该具有

系统的特性，强调的是理性的分析、结构的控制和系统的战略。通过系统方法来对整个旧住宅区体系进行分析和处理，强调整体性、相关性、结构性、动态性和目的性。换句话说应该是有一个完整的体系，据笔者所知，在宏观层面，目前上海市旧住房改造的发展战略已经颁布[1]，与之相关的旧住宅区更新改造规划体系也逐渐明朗，从 2005 年颁布的旧小区“平改坡”综合改造相关信息来看，总体目标、长效机制、分阶段数量控制等等问题都已经比较清楚，“整体性”、“目的性”的要求已经实现，并且随着试点工作的逐步展开，随着问题的逐步表露，通过改进必然将更加完善。但改造涉及的“相关性”内容、“结构性”调整、“动态性”变化等问题还不明朗，特别是市场经济条件下旧住宅区结构性改造（包括住宅、设施等内容）问题还没有一个明确的导向，这反映在试点的改造当中有些比较明显的问题如面积问题、公共服务设施改造和增加问题得不到有效的解决。同时，关于改造小区改造余地的挖掘、下一步如何改造以及标准问题都没有解决。如前所述，虽然住宅、物业的私有化在一定程度上影响了改造的顺利展开，但从系统论的要求来看这些问题的解答是不可或缺的。

同时，从 20 世纪末期兴起的关于社区规划的研究（如赵蔚、赵民，2002；徐一大、吴明伟，2002）关注中观层面社区发展所面临的一些问题，并且上海许多社区已经制定了完整的规划，但由于面临实施的困难，旧住宅区的改造无法与其结合，使得本来可以解决的一些居民需求的问题无法解决。应该说“社区发展”在今天是一个热点问题，与中国发展面临的问题相似，中国社区存在的问题也要在发展中解决，因此社区发展中的问题如何借助改造规划的途径来解决是一个现实的问题。从首批试点小区来看，以街坊形式改造的模式难免着眼于点，就小区论小区的方式只能解决有限的问题，而如何将社区规划等其他类型规划所体现出来的问题落实到街坊尺度，如何完善社区规划体系和旧住宅区更新改造规划体系并将其有机结合是解决问题体现居民意愿的重要一环。

2. 规划方法的问题：“过程”规划的启示与改造规划注重结果的问题

过程论指出，既然城市规划本质上是一个价值判断、具有浓厚政治色彩的过程，那么规划人员的价值观并不能够代表居民的价值判断，也就是说普通人们的价值判断显然并不比专业人员“差”多少。这里需要指出的是在价值判断上来讲，技术人员体现出的价值倾向并非不对，而是应该更多的将自己的建议表述给公众，广泛地听取他们的意见，由居民自己做出决定。尽管规划师的规划决策和价值判断能力并非高人之处，但是城市规划师可以协调

---

1 参见：王文忠，毛家梁，张洁等. 上海 21 世纪初的住宅建设发展战略. 上海：学林出版社，2001.

城市规划的决策过程，并且在实践中可以促进实现符合公共利益的目标。

说到这里，其实就凸现出公众参与的必要性及其真实意义所在。此时的规划师不再仅仅被视为技术性角色，规划师同时是组织者、说服者、咨询者。他们寻找解决问题、实现规划的关键人物或关键部门，把他们引到讨论桌上，组织交流协商，以求共识；同时和相关各方一一沟通，听取他们的意见，化解矛盾，帮助达成共识。规划师还要不断地寻找、发现专家，让在学术上和政治上有不同倾向的专家发表意见，力求全面反映全社会各个方面的观点。对规划师的角色的讨论，Davidoff 的“倡导性规划”，受 Haberams“联络行动”（Communicative action）观点启发的“联络式规划”以及弗里德曼的“行动性规划”（Action Planning）作了很好的解答。

就笔者感言，在全球化过程中地段提升（Place Promotion）以及城市竞争力的压力下，城市受外竞争与内部发展双重压力的作用体现出注重结果的趋势，反映了“价值理性”（value rationality）与“工具理性”（Instrumental Rationality）的背离，希望通过一个更加便捷的方式去达到一个共同的目标，殊不知，价值理性的获得有时与工具理性相辅相成，特定目的的完成一定要有相关手段支撑。当前旧小区“平改坡”综合改造就体现出这个问题，物质环境的改善并不一定代表居民的真实需求，过程带给居民的可能是更重要的。正如在影响结果的因素分析中显示，当前物质环境的改善对居民生活水平提高来讲还是非常重要的，而结果显示部分居民通过改造满意度不但没有提升，反而降低，其结果并不能代表居民的真实评价，主要是因为改造活动没有与居民很好的沟通，使得居民通过这种评价结果来发泄心中的不满，这就显示了过程对居民的重要意义。

同时，伴随注重结果理念的指导，技术人员不需要通过履行“过程”的程序来完成必要的环节，没有深入到居民当中充分的交换意见的要求，在客观上也导致了将技术人员的价值观转嫁给居民，而由于不是这个领域的专家，无法有效表达自己的观点以及对给出的方案提出改进意见，在问卷中也就出现了用“还有更好方式”的选择表达自己对改造方式的不满。

事实上，在民主化呼声越来越高的今天，旧住区的改造规划的作用不应该仅仅提供一个居住环境改善的结果，同时应该在过程中表达并实现他们的物质需求、培育居民住区发展的精神，更重要的一点，在“权力下放”、“市民社会”、“公民社会”的呼声下，强调过程的改造规划能够很好地教会居民如何认识和管理自己家园，实现居民的自我管理，实现政府“小政府、大社会”的目标。

从更深层次来看，更新改造当中具体方案背后其实是技术人员本身的价值判断。在当今民众意识普遍提高的情况下，居民与技术人员之间认同方面的差异是正常的，这其实反映了一个问题，就是在价值判断方面，专业人员的价值判断与居民之间存在差异，改造规划本身都无可避免的包含个人或者特定利益群体的价值判断。从方法论的角度，随着民主意识的不断提高，当前的改造方式越来越不能体现居民的意愿。

3. 规划程序的问题：后现代理论的要求与当前规划程序的矛盾

20 世纪 80 年代后期，城市规划理论的发展形成了一个多元化的局面，其中有 20 世纪 60 年代萌芽的城市规划中的后现代主义思想，颇为引人注目，并发挥了非常重要的作用。

后现代主义认为，城市是一个由多元空间、多元关系网络组成的以人为参与主体的多要素复合空间。它绝不是现代主义因果关系的直线型、逻辑性思维（即假定事件当前状态和最终目标状态均为已知条件，然后试图更好的组织初始状态有步骤地终极状态转变，思维方法的基础是寻找一个规则系统，一套逻辑上严格的、能够产生满意结果的规则，是一个封闭的、终极式的“决定论”的过程）所能把握的。后现代主义则完全摒弃了这种逻辑规划的目标，而是采用启发式的探询过程，将多种要素构成的城市看成一个没有边际的有机体，整个有机体维持着一种动态的自动平衡。这正是亚历山大揭示的“城市就是一个重叠的、模糊的、多元交织起来的统一体”，也是罗伯特·文丘里（Robert Venturi）宣称的“杂乱而有活力胜过明确统一”的本意。而雅各布（Jane Jacobs）对美国城市开发中的单一的区划和总体规划也进行了无情的鞭挞，认为单一的区划严重忽视了城市社会空间的复杂性、多样性以及城市本身具有的活力。

无论是亚历山大、文丘里还是雅各布，与提倡现代主义的城市规划学者如柯布西埃、霍华德等相比，一个共同点是追求城市中的“复杂性、多样性”特征。在本次问卷统计中，关于小区风格的倾向表现出多样化的趋势（见表 4-50），与改造小区面貌统一整齐的风格存在差异。

理想中的小区风格　　表 4-50

选　项	频　次	百分比	有效百分比	累积百分比
面貌统一整齐	211	35.2	35.2	35.2
面貌多样性、丰富多彩	209	34.8	34.8	70.0
都喜欢	180	30.0	30.0	100.0
总计	600	100.0	100.0	

目前更新改造规划体现出的特征主要是“自上而下”的模式，虽然当中也有与居民的交流，但实际的效果不明显。在关于征求意见与否的居民对更新改造规划方式的态度中可以看出来（见表 4-15），虽然总体上被征求意见的居民表现出较高的认可度，但高的程度有限，并且在分项评价当中还有约 20%居民有不同意见，说明与居民的沟通过程中并没有切实地将居民的意愿

综合到实际的行动当中。规划的过程虽然涉及了自下而上的环节，但实际上没有得到有效的贯彻。

4.6.2.2 设计方法的问题

高质量的旧住区的更新改造可以对旧住区发展起到积极的推进作用，对于旧住宅需要提供“相对满意的居住环境”、“低维护费”和“耐久性”的“优良设计”已经成为共识。“优良设计”不仅意味着美学上的含义，还意味着“满足居住需求”、“便于管理”、“设施充足”等，能提供稳定又安全的家庭生活和邻里关系，并提供工作、上学、交通、健康服务、商业等构成“舒适居住环境”（Suitable Living Environment）的机会。而现在提供的旧住宅区的更新改造方案还谈不上优良设计。而在设计行业，城市建设的快速发展使得设计主要集中于新建筑，而对于建筑的改造方面重视不够，而且可以说针对两种对象，设计的方法和过程没有本质的区别。

同时，当前上海旧住宅区的改造与设计组织没有明显的特点。改造与设计组织的质量依赖政府管理机构或委托设计方的自身水平，虽然也注重现状调研和居民需求的了解和研究，但由于缺乏有效的沟通和细致详实的调研，对某些问题的解决立足于管理者或设计师对问题的看法。其设计方案通常注重空间形式大于注重空间内涵，评审专家也多为临时召集，缺乏对项目整体性的了解和实地考察。建筑师的作用仅限于狭窄的“设计”范畴，并不自始至终参与开发的全过程，而开发实施者给予的设计时间通常也较短，因此解决方案多来自于其设计经验，最终设计出的住区成功与否具有较大的偶然性。

还有一个问题是关于设计师的角色，建筑师、规划师的水平对于旧住宅区改造的成功与否固然十分关键，但是改造与设计的组织却更为重要。改造与设计组织决定了建筑师、规划师获取信息的渠道和构思方向，比如出发点是为表现自己或者是应付制定的任务而做的设计和为居民而做的设计显然是不同的，个人的主观臆断和众人的参与决策其结果也显然是不同的，而这两点在改造旧住宅区时尤其重要。由于改造过程中建筑师的参与阶段仅限于“设计”，并且建筑师本身也由于收费低廉等问题不愿意参与过多，因此其设计理念没有从封闭的住区设计中拓展开去，更没有建构和谐的充满活力的大社区的概念。

4.6.2.3 对居民意愿的影响

总的来讲，规划理论自身发展的滞后性影响了其作用的发挥。

首先，至少在主流认知层面，当前我国城市规划活动的本质仍然更多地被视为技术活动，特别是“城市规划以物质和设计为核心”的观点仍然有着相当广泛的共识基础。在改造规划中体现的就更为明显，从某种程度上来讲，改造规划就是一个带有乌托邦式的蓝图。而从系统的角度来看，不只是改造规划本身还不够系统，作为一个阶段，改造规划也没有被切实地纳入到规划体系当中。或者换一个角度，在目前政府主导的情况下，改造规划本身不太可能像发达国家那样下放到社区层面，但在当今商品房盛行的市场体系当中，旧住房的改造以及因为改造而需要的一系列的规则体系远未完善。而系统和理性过程的本质认知尽管已经在共识层面上有所扩大，但与西方国家的发展历程相似，这种认知的体现仍然更多地停留在所谓的发展战略或者总体规划阶段，至于对其政治过程的本质认知或认可则需要更长的时间。

其次，关于城市规划理论所必须面对的价值观念问题，国内在整体层面上显然同样存在着理论进展显着落后的局面，并且以技术标准替代价值判断的方式仍然占据着显著地位。正如论文在调研中发现，专家的评判标准实际上不能代表居民的意愿，或者说，专家的有些价值判断被证明是错误的。更为值得忧虑的则是当前似乎愈加显著的城市规划者基于不同目的自我标榜更具价值判断能力的精英思想及其行动，特别是在当前国内的急剧城市空间形态演变进程背景中。

第三，规划的程序性问题。“自上而下”的执行程序不能满足“自上而下”和“自下而上”现实要求。

最后，在技术层面，还有许多亟待完善的地方，需要进行更加细致深入的工作。

从现代城市规划的发展历程来看，城市规划越来越体现出贴近使用者的趋势，当前我国城市规划自身发展的滞后性，影响了其服务于使用者作用的发挥，体现在旧住宅区的更新改造规划中就表现为无法支撑更新改造活动更好地满足居民的需求。

4.6.3 更新改造规划决策过程存在的问题

4.6.3.1 传统决策过程存在的问题

传统的公共决策过程，尤其是官本位的公共决策过程强调用法律（Legitimation）和强制（Coercion）的手段，要求民众去接受和执行有关决策(周江评、孙明浩，2005)。但是，随着“授权”（Empowerment）这一新鲜事物在西方政治过程中的兴起，有些学者（如 Bell D.，1976；Riessmann F.，1985；Mitchel R.，1979）开始质疑传统的公共决策过程。他们认为，在公共决策的过程中，政府应该保证提供给民众足够的资源，让民众决定做什么或者如何去实现自己的目标。这些思想代表了学者们对于“授权”的主要观点。随着这些观点流行的同时，学者们也开始批判传统的公共决策过程，批判主要集中在这样几个方面：

第一，传统的公共决策过程，往往忽略了弱势群体的利益。政治精英们往往考虑的是自身对社会的控制，而不是社会利益的公平分配。专业人士常常被认为是为政治精英服务的人员或团体。政治精英通过利用这些专业人士，控制了那些政治、经济上处于不利地位的群体，尤其是穷人、少数民族、妇女和其他一些弱势群体。事实上，在本次实证研究中出现的专业人员对居民意见的忽视部分原因也是因为大部分居民是弱势群体，居民的意见得不到专业人员的重视。

第二，专业人士的价值观和社会理想与一般大众有所隔离和分化，导致他们在公共决策中不一定能反映民众的价值观和社会理想。例如，在改造方式上实际上并不被很多民众所接受。同时，一般大众所追求的直接的、能够支持他们生存和日常生活的经济利益，往往和某些专业人士所追求的社会理想有一定差距，得不到认可。

第三，专业人士与他们的客户之间关系中的支配地位，导致客户和一般公众无法很好地监督专业人士的专业操守和责任。相对专业人士而言，客户在没有掌握更多有关信息的情形下，很难对专家所做出的判断提出质疑。本次更新改造规划当中居民与专业人士交流的障碍也证实了这一点。

第四，专家智慧所提供的技术理性，不一定能适合所有场合。在某些场合下，民众完全可以质疑这些技术理性。

上述问题在本次更新改造规划中普遍存在，在客观上造成了居民游离于决策以外，影响了居民意愿的传达和有效反映。

当然上述各方作用的发挥程度还依赖不同的社会制度基础，尤其在公众参与这个环节，中国与西方国家存在截然不同的基础，中国关于公众参与社区发展规划这一环节尚未得到法律保障，因此也没有相应的一套完整的程序支持，公众普遍的积极性从客观上是受到抑制的，目前社会精英阶层的参与很大程度上替代了公众参与。从社会进化与制度变迁的角度看，这个过程与中国经济的改革与发展是契合的，属于正常现象范畴。但需要引起各方重视的是，经济收入水平所引起的社会阶层的分化，尤其是各阶层间差距的拉大，使得在社会上处于劣势的阶层往往在争取自身权益的时候不具有足够的话语权。从这一角度来看，建构一套适用于各阶层的公众参与的制度作为对话的平台，对社区发展是具有积极意义的。

4.6.3.2 评价体系的问题

主要有以下问题：

1. 评价标准的问题

住区环境是一个综合的概念，除了物质属性以外，居住环境有着一定的社会、经济内涵，仅仅从居住环境的好坏来评价一个住区是不全面的。如果不将居住环境质量与居民的社会经济特征联系起来，就很难制定切合实际的、有现实意义的更新完善标准和对策。因此，对旧住宅区的环境品质评价应在分析居住者的社会阶层、经济收入状况的基础上，包括物质设施环境和社会生活环境两方面内容。

当前人们对居住区物质环境所包含的内容已有充分的认识，它主要由住宅和室外环境两部分组成。对住宅的品质进行评价的项目包括面积大小、成套率、功能安排、设备、日照、通风、噪声等卫生状况以及对家庭生活方式、家庭成员结构以及基于家庭支付能力的需求意愿的适应性等。对室外设施环境的品质的评价除了按照规划建设规范要求的最低限度来衡量居住区道路、公共服务设施、绿地及活动场地、市政基础设施的数量外，还包括对日常交通、购物、医疗、上学等活动的便捷和安全程度、户外活动空间的多样性、绿化和游憩场地的适宜度以及环境景观的文化意向与特色等。

对旧住宅区社会环境品质的评价包含了这样几方面的内容：组织管理体系的有效程度、安全感、邻里交往状况和交往意愿、活动的组织情况和居民的参与度、居民的定居意愿。其最终衡量标准是成员对所居住社区在感情上的认同感、归属感。

需要强调的是，旧住宅区作为活生生的生活场所，对其物质设施环境的评价不应完全按照既定的数量指标。进行评价的根本出发点是为了衡量建成环境是否符合“人”的需求，而不是是否符合指标的规定。同时，为使评价能与使用者的社会经济特征结合，较为有效的评价方式应是由环境的使用状况和居民的意愿来引导的，而不是出于规划者的主观判断和既定指标的数量衡量。

目前对旧住宅区改造的评价，专家、官方和大众的现有评价体系主要是基于经济平衡和城市美化来考虑，没有顾及到社区体系和社会结构的利益需求（包括邻里关系、相互帮助、自我组织能力等），这虽然在一定程度上解决了部分物质环境改善的问题，但如果上升到发展的角度，那么还没有给出一个满意的答案 。

2. 评价方法的问题

从西方城市规划理论的发展来看，第二次世界大战后主流理论观点一直将城市规划视为一项专门技术，但早期阶段的激进现代主义和乌托邦综合方式的城市规划实践引发了广泛的公众抗议活动，并因此导致对城市规划本质的进一步反思。Nigel Taylor（1998）在反思第二次世界大战后的城市规划理论时指出，人们逐步意识到“需要什么样的环境”实质上属于价值判断问题，并且也并非总是存在“常识”性的共同认知。随着对城市规划价值观念和政治活动本质的认知发展，大多数理论研究者已经承认城市规划者在价值判断方面并不具备更为高超的技术。他们因此不再适合继续承担技术专家的角色，而应更多地担当起不同利益群体间关于规划议题评判的协调者（facilitator）角色，从早期的倡导规划理论到当前的交往规划理论体现了对其本质认知的转变。城市规划判断本质上更接近于政治而非技术或者科学，而对城市规划的评估也不再被认为是简单的技术问题，而是与价值判断紧密联系。

当前的更新改造活动，大多数规划师，特别是在城市规划的“地方”规划层面上，仍继续从城市设计质量和美学价值角度来评价改造成果的优劣。同时，专家、官方和大众缺乏一套评价传统居住环境的有效方法，更难以看到原住地居民对自身居住环境的改造和发展潜力，这就在客观上将自身的评价标准强加于居民，也就不可避免地与居民的意愿产生冲突。

3. 存在的偏见

当初，西方国家发现许多政府工程在规划时设想得似乎十分周到，设计也非常科学，但建成后却难以满足各种社会阶层的普遍需求。人们在探讨其根源时逐渐认识到，居住环境的创造过程并不仅仅是技术行为，建造一项工程不仅要考虑怎么建造最经济、最好看、能发挥最佳社会效益，更重要的是看能不能满足当地一个个具体的人的需要。而每个人因为职业、信仰、宗教、种族、收入、受教育程度、社会地位、居住环境的差异，生活方式和诉求也就千差万别。

当前的更新改造规划，除了上面已经谈到的设计人员与居民价值观存在差别以外，城市规划中仍然存在诸多成见。由于考虑问题的出发点不同，传统规划理论指导下的改造规划往往将其排斥在外，而这些“成见”对居民生活来说往往具有特殊的意义，这些成见阻碍了居民的基本住房和社会福利需求得到满足。

4.6.3.3 对居民意愿的影响

更新改造决策过程所体现出的问题对居民意愿的影响主要有两点：

（1）从过程方面来看居民的意见没有被平等地对待，造成居民的意愿无法有效地反映到更新改造的方式当中。而对于居住年限较长的原住民来讲，虽然他们能够更清楚地看到旧住宅区的发展潜力，但他们的意见往往与传统的规划手法不一致，也就无法落实。

（2）从对结果的评价来讲，居民的意见同样无法被平等地考虑和接纳，这在客观上也造成了居民的评价结果与专家拟定的标准出现较大的反差和各个地区不均衡的表现。

4.7 内部发展压力的影响：当前中国社会转型对居民意愿的影响

4.7.1 社会转型过程中国家与社会相互关系变化产生的问题

4.7.1.1 计划经济条件下国家与社会的关系：“强国家—弱社会”的模式

20 世纪 70 年代末以来，随着改革开放的逐步展开，经济结构也逐步从计划经济向市场经济过渡。在讨论中国经济转型问题时，无法回避这个转型对社会结构，包括国家与社会的关系以及个人与社会、个人之间的关系，都产生了非常重要的影响。中国城市社会控制方式的转型，在20世纪上半叶主要是从传统社区向法定社区（市政层级）演变，在20世纪下半叶则经历了一个否定之否定的过程，先是由以法定社区为主转向以单位体系为主，然后又开始由单位制向社区制回归（华伟，2000）。

新中国成立以后，中国城市社会的控制方式经历了一个“单位社区化”的过程。有两层意思：一是单位与社区在城市地理空间上的重叠；二是“单位办社会”，用单位的多元化功能取代社区功能。政府把控所有的社会资源，这就断绝了社区自行发展的可能性；而政府又把自己掌握的资金最大限度地投入了直接生产部门，极少对城市基础建设和生活福利事业投资，这就必然要求“单位办社会”来填补“政府空位”。单位承担起来的职能包括有职工住房、各种生活福利、养老保险、医疗保险、托幼机构、子弟小学、班车服务等，单位同时承担生产职能、职工生活职能及大量社会政治职能。单位的这种特殊形态使得单位的人缺乏对社区的认同感，社区也因之缺乏整合效应，使社区的发展活力降低。

改革和转型以前国家和社会的关系，有学者（Saich，2004）称之为“自治的国家”以及“受国家支配的社会”，就是说在转型之前，国家对社会支配能力比较强，特别是当时在推行工业化以及国民经济体系重建的过程中，政府的行政支配力量非常强大，整个社会运行和发展基本上受到国家行政方式的控制和影响。这不仅表现在社会主流意识形态，也包括对社会结构的支配，例如城乡二元社会结构被严格的户口管理体制进一步强化，基本上禁止人口流动；在城市内部形成的所谓“工作单位”制度同样将人们限制在一定的“单位”空间，由此形成了国家对社会垂直一体化的管理方式。而且由于这种制度安排，也造成了公共产品供给，如社会福利、医疗保障、养老津贴、公共教育等各种福利待遇，在城乡之间甚至在城市内部之间、不同单位之间都非常不同。这种情况直到今天在中国的一些地方仍然存在。

计划经济条件下国家与社会的关系可以用“强国家—弱社会”的模式来解释，黑格尔称之为“国家至上论”。强调国家的强势地位，认为国家是至高无上的，在政治社会和经济等所有领域都具有最高决定权。它要求国家对社会生活的全面干预，并否认国家体制内社会各种组织和利益团体间存在不同的利益要求和冲突。个人利益和集体利益必须纳入国家利益作为其一部分才有实现的可能性。

应该说，这种模式在很长一段时间内对社会发展还是起到积极的作用，国家的强势地位使得在社会经济比较落后的情况下集中优势资源进行建设发展，在新中国成立之后很长一段时间里发挥了非常重要的作用。但另一方面这种模式也存在着很大的弊端，虽然这种“强国家”的体制使得国家对社会控制非常的牢固，但实际上非常不利于有效的治理，而且这种体制下也难以实现经济要素的自由流动以及资源效率的提高。

4.7.1.2 市场经济条件下国家与社会的关系：由“强国家—弱社会”向“强国家—强社会”的模式转变

中国1978年启动的经济改革，对国家与社会的关系产生了巨大的影响，特别是先后推行的农村改革和城市改革，引起中国社会结构和社会关系发生了深刻变迁。这个时期被称之为“谈判的国家”（A Negotiated State）或者“讨价还价的社会”（Saich，2004）。中国的经济转型实际上是从调整国家与社会的利益关系开始的，从简政放权和让利的转型思路出发，经济转型一开始就对传统的社会结构以及国家和社会的权力分配关系产生了巨大的挑战。中国社会结构变得比较复杂了，生产要素包括劳动力可以实现流动；利益分配的权力从原来单一的国家为主体，到现在整个社会包括企业、个人、不同利益团体以及各种非政府组织（NGO）等，都可以参与决策和利益分配，而且也逐渐成为具有独立地位的利益主体或者组织。因此，中国社会结构逐渐出现分化和阶层化，传统的官方垂直一体化的社会结构被打破，不同个人之间、利益主体之间，以及社会与国家之间均可以围绕利益关系进行谈判或者讨价还价（华伟，2000）。从转型的动态角度来看，随着政府继续简政放权，公民就会越来越有义务关心他们自己的利益，同时也会越来越关心社会和国家的利益，因为这是和他们自身的利益联系在一起的。中国社会结构必将最终出现市民社会（Civil Society）的基本架构。

但其中的一个现象值得关注，诸如上海市“两级政府，三级管理”的政府放权过程并非是国家对社会的控制减弱，事实上相对以前的政府职能和管理范围，街道政府的职能和管理范围确实在急剧地扩大，而权力下放的改革方向也使街道政府的权力进一步扩大，这样的扩大从历史上看正是一个国家对社会加强控制的表现。其结果是加强了对社会的控制。其实通过分析“两级政府，三级管理”放权的实际过程不难得出这个结论。

首先，城市街区内权力经历了一个“社区行政建设”的过程（朱健刚，1997）。从1949年至今，街区内的行政权力经历了一个由虚拟状态向一级政府的转变过程，街区权力得到强化，这一权力的强化促进了国家对基层社会的控制，方式由单位制向社区制过渡。

其次，街区内权力重组与分化也导致了街区内组织网络的变迁，以往真正构成街区权力网络的只有共产党这一重网络，但是权力运行的困难使政府积极地构建多重组织网络以保证政府权威的合法性。朱健刚（1997）把社区内这一形成中的网络结构称为“权力的三叠组织网络”，除了街道办与居委会的正式行政权力网络外，还有社会中介组织构成的非正式权力网络以及街道党工委对上述两重网络的渗透构成的党的组织网络。

最后，以城市街道办事处为中心的社区行政权力体系使得城市街区事实上成为一级政府，而不再只是派出机构，以社区管理委员会为枢纽的社区组织网络的扩展将进一步拓展社会中间层，使社会自治领域得以同时延展。当我们从基层社会的角度来透视国家与社会的关系的变化时，发现在城市基层社会，国家与社会正往“强国家—强社会”的方向发展。国家力量不断增强的同时，社会组织网络也在政府扶持下不断扩展，同时也促进了社会自治空间的生长。在中国街区内部，国家与社会自治空间之间并非一定是此消彼长的关系，而是处于一种共生共长、良性互动的趋势。

4.7.1.3 当前的情况：转型过程凸现出中介组织不够完善

通过以上分析，虽然可以看到国家与社会之间相互关系的走向逐步清晰，但就目前的情况来讲，随着我国城市社会逐步由单位制向社区制过渡，国家对社会的控制需要一个过程，同样，基层社区组织的发展也同样需要一个过程。如果将当前国家与社会的现实关系进行进一步的定位时，可以发现，如果以本次调查的旧小区为例的话，从“自上而下”的角度，国家对社会的控制已经渗透到街道层面，但在进一步的渗透当中，由于作为媒介的旧小区基层管理组织的不够完善，国家对在这个层面社会的控制还体现出相对较弱的局面；而从“自下而上”居民的角度，基层管理组织的不够完善也妨碍了居民与更高层面国家权力的有效沟通。因此，就目前的情况来讲，当前国家与社会的关系依然是一种“强国家—弱社会”的局面，但应该看到，这个情况正在发生改变。

再来看一下基层的管理组织。事实上，居委会可能是街区内最有权力的社会组织，街道办派遣联络员和居委会干部一起管理居委会内的事务，完成各项行政任务。另一方面居委会主任由居民代表大会选举产生，又体现出自治的一面。这两方面使居委会一直难以定位，在居民看来，这是政府的组织——什么事都认为居委会有责任管理，而在政府看来，其地位就比较复杂了，一方面似乎把它看作群众组织，居委会主任由选举产生，居委会干部不被纳入行政序列，居委会也没有行政经费的拨给；另一方面又似乎认作是行政组织，不但许多行政性命令传达到居委会，而且行政考核也落到居委会上，使居委会像个水龙头，谁都可以拧一拧。

居委会的尴尬地位其实反映出国家行政能力的尴尬处境，一方面国家试图将行政能力渗透到社会的最基层，另一方面在这样一个超大国家里其财力与人力的制约又使行政组织难以发展到基层，于是只能通过居委会这样一种不依赖政府财力的组织形式来完成政府行政的监控职能，但是这却使居委会的职能与其权力不相对称[1]。尽管这样，以居委会为代表的基层管理机构的权力在社区制改革中毕竟是缓慢增长着，应该看到，其发展的结果必然是成为有着强势权力的基层管理组织，从而最终形成“强国家—强社会”的模式。

4.7.1.4 对居民意愿的影响

现阶段“强国家—弱社会”的现状决定了自上而下的更新改造改造模式，一方面“强国家”还是延续计划经济时期的一些做法，另一方面“弱社会”在成长过程中，仍然无法支撑起自我改造的压力和动力。因此，在客观上讲，“国家—社会”的发展现状决定了现阶段自上而下的改造方式的必然性。

“国家—社会”关系转型过程中基层管理组织（如居委会）的现状由两个因素促成：

第一个因素是自我完善程度不够。从发展和自我完善的角度来看，在旧小区更新改造当中代表居民进行参与的主观表现为不够健全的基层组织，其背后的原因是在社会转型过程中，基层组织正处在发育和完善的过程当中。国家希望通过这个层面加强对社会的控制，而居民希望通过这个层面加强与国家的联系。但其作为一个中介组织，由于还不够健全并且力量有限，一方面无法有效地将国家的意图直接贯彻到行为个体，表现在改造规划当中就是无法将改造规划的意图有效地传递给居民；另一方面无法有效地将个体的意图反馈到国家层面，表现在改造规划当中就是无法有效地将居民的意愿通过基层组织有效地反馈到规划制定机关。同时，在需要协调个体利益与公众利益时，基层组织又体现不出有效的权威性，而使得相互之间的利益关系无法得到有效的协调。

第二个因素是现阶段对基层管理组织又有很高的要求。国家权力的向下渗透与市民权利的向上传达在基层管理组织层面发生激烈的碰撞，客观上要求强有力的基层管理组织来支撑，使得本来就处于发展中的相对弱小的基层管理组织更加不堪重负。

从根本上来讲，国家与社会的关系在由“强国家—弱社会”向“强国家—强社会”转变过程中，缺乏一个有效地将国家和个体联系起来的基层管理机构，无法有效地将国家意图与个体意见进行有效的交流，对个体来讲，其表达意愿的途径受到限制，从而影响其意愿的实现。

---

1 例如居委会里的卫生，按道理应由环卫所负责，但事实上，环卫所没有人力深入到小区，而对小区卫生的考核却落到居委会头上，居委会无权调动居民，只能自己动手。

4.7.2 社会转型中弱势群体[1] 权利失衡的问题

4.7.2.1 权利失衡的形成原因、概念和特征

当前的旧住宅区更新改造活动中，还出现的一种情况就是旧住宅区居民缺乏利益表达的有效渠道。这缘于这部分人群大多属于弱势群体，与强势群体相比，存在权利失衡的状况。

实现权利的高水平均衡，创造一个公平的社会，是人类自古就有的理想。利益结构的相对均衡、利益表达渠道的畅通是维持社会系统间平衡的重要条件。而在利益结构断裂的社会，下层社会利益诉求无从上达的情况将导致执政党和政府的决策严重倾斜以及下层社会被剥夺情形的加剧，最终造成社会结构断裂的局面（陈映方，2003）。

相对于居住在旧住宅区中相对弱势群体的社会强势群体，有三个基本组成部分，即经济精英、政治精英和知识精英（孙立平，2002），他们具有了相当大的社会能量，在表达群体或个体的利益时往往能借助体制内的渠道和体制外的非常规行为，以达到预期的目的。在社会转型当中，具体可以概括为以下几类[2]：①贿赂。利用金钱买通相关决策者，以获取政策中可能带来的潜在收益。②社会关系网络。利用社会关系网搜索潜在的人际资源，从而找到目标人物，以求其最为期待的结果。③体制内的方式。强势群体往往在政府、人大、政协都有相当的人群，由他们相互联合提出议案，其效果可想而知。④借助媒体。通过媒体宣传赢得更多的社会支持，从而给决策者施加压力。

上述利益表达方式基于强势群体在经济、政治、知识优势以及以此为基础的对于公共权力的租借。那么，从另一个层面来讲，弱势群体的利益受损往往是由于社会的强势群体所造成。一项政府的政策对各个群体的利益都具有同样的含义，但对一部分人比较有利，而对另一部分人比较不利，很难想象这是很正常的事情。当前的改革，诸如住房制度改革、就业制度改革、社会保障制度改革等，都会产生这样的利益格局。

在断裂的社会结构下，非制度性的权利失衡已经成为既定制度下的“潜规则”（陈映方，2003）。所谓非制度性权利失衡，主要是指强势强体、弱势

---

1 城市弱势群体（简称弱势群体，social vulnerable groups），笔者将其定义为：是一个在社会性资源分配上具有经济利益贫困性、社会权利匮乏性、生活文化排斥性、承受能力脆弱性的特殊社会群体。其包括五层含义：一是经济层面处于物质贫困；二是从文化层面上处于被社会歧视和排斥地位；三是政治权利层面上缺乏表达和追求群体利益的资源和能力；四是社会心理层面表现为失落、无奈和消沉等心理承受力脆弱性；五是改革和政策法规层面上处于利益受损和被剥夺的境地。在本次研究中，虽然被调查的旧住宅区居民并非都具有以上特征，但相对于社会上有权（钱）群体来看，他们绝大多数处于弱势地位。

2 转引自：程浩，黄卫平，汪永成. 中国社会利益集团研究. 战略与管理，2003（4），指出利益集团影响政府决策的九种方式，笔者根据强势群体较之弱势群体最多采取的方式作为其权利失衡的论据。

群体非正式层面的权利不均衡和对政府政策影响力的高度不对称（孙立平，2004）。其中一层含义就是弱势群体社会权利的贫困[1]。弱势群体在这“规则”中，其利益诉求无从影响政府的决策。

有调查显示（陈胜勇、林龙，2005），传统的表达人民意愿的人大代表作用在当前的社会中表现出作用缺位的状况，加上与社区关系的相对薄弱，弱势群体积累许久的不满情绪只能通过其他行径宣泄。罢工、游行、上访等极端行为就成为了弱势群体最直接，也是最有效的表达利益的方式。事实上，在本次实证研究当中出现的居民对改造方式和效果的负面评价也可以被看做是表达利益的方式之一。正如阿尔蒙德所言，这类行为往往是“那些本身不具有影响决策者的途径或资源的集团，只能使用争取同情和支持的非常性手段”。[2]

4.7.2.2 权利失衡与社会断裂模式图

那么非制度性权利失衡是如何形成的？为了说明这个问题，笔者设计以下的关系模型（见图 4-2）。

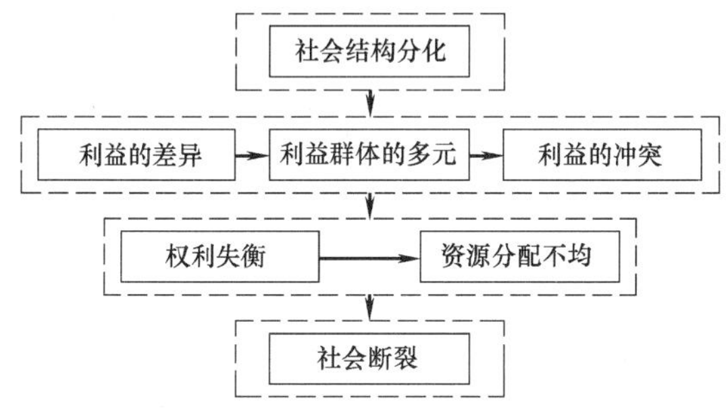

图 4-2 社会断裂过程分析图

权利失衡是由于社会各利益组织、团体在追求利益能力上的差异所致，而利益分歧导致利益主体的多元化。不同利益主体在追求各自利益中必然存在利益的冲突。各群体本身能力和资源的差异，导致在“非制度性的权利失衡”规则下，政府无法有效地整合和协调不同的利益诉求，从而造成利益主体间的资源分配不均衡，并最终加剧社会结构的断裂[3]。

因此，尽可能地平衡各个阶层之间的权利关系对社会发展来讲就变得特

1 社会权利贫困指的是：一个特定的群体和个人，无法享受社会和法律公认的足够数量和质量的工作、住房、教育、分配、医疗、财产、晋升、迁徙、名誉、娱乐、被赡养以及平等的性别权利，而且由于他们应该享有的社会权利被削弱和侵犯而导致相对或绝对的经济贫困。参见：（美）洪朝辉. 论中国城市社会权利的贫困. 江苏社会科学，2003 (2).

2 参见：加布里埃尔·A·阿尔蒙德·小 G·宾厄姆. 比较政治学：体系、过程和政策. 曹沛霖等译. 上海：上海译文出版社，1987：216.

3 孙立平教授认为在“不同时代”共存的社会里，不同群体的利益表达和整合是十分困难的，其往往无法达到相互的理解。参见：孙立平. 断裂：20 世纪 90 年代以来的中国社会. 北京：社会科学文献出版社，2003：10-13.

别有意义。

政策的政治收益更多来自于强势群体的诱导，而非各利益群体充分博弈的结果。简而言之，正是因为这种权利失衡存在，掩盖了政策成本的过大，从而造成了少数利益集团利用信息不对称、制定政策的优势来侵占多数利益群体的利益的不公正局势。如当下的土地征用和城市拆迁工作，城市化作为其政策导向，即以城市化的进化程度和经济的增长幅度来衡量政府官员的政绩。同时，城市化进程所带来的巨大的经济收益成为了商业精英对于政府政策诱导的又一笔政治收益。

然而，在弱势群体的压力下，补偿性政策也应运而生，诸如最低生活保障线，最低收入保障等政策。旧住宅区的更新改造实际上也是一种带有补偿性的政策，只不过面对的主体是中下阶层，而非社会底层。这类滞后性的政府补偿政策，只是政府政策偏向后的一种协调方式，没有在根源上解决强、弱权利失衡的问题。弱势群体很难如强势群体一般表达自己的利益要求，影响政府的决策。

4.7.2.3 对居民意愿的影响

从社会转型的视角来解释当前的旧住宅区更新改造活动，可以看出当前政府采取的倾向于弱势群体福利政策缘于社会均衡发展的压力。由于强势群体、弱势群体的权利失衡将造成社会断裂，这必然会产生非常高的社会发展成本。因此，在权利失衡到达一定程度之后，通过采取对弱势群体的补偿性措施来避免社会断裂的产生，从而避免出现更高的成本。

政策滞后性的表现也反映出政府面对社会均衡发展表现出的消极的一面，我们姑且不去探究造成政府消极态度是因为主观原因还是客观的原因，从行为本身来讲，由于是均衡强势群体、弱势群体之间的一种手段，并且从制定政策的主体来讲，仍然是强势群体或者代表强势群体，所以从诸如最低生活保障线、最低收入保障政策以及旧住宅区更新改造活动等倾向弱势群体的政策来看，当前的政策和措施只是政府缓和强势群体和弱势群体矛盾的一种表现，而非弱势群体通过表达利益要求影响政府决策的结果。这其实反映出当前政策价值导向出现了问题。

因此，从政策代表的利益主体来看，它仍然代表着强势和弱势两个群体的利益，由于不是单纯的代表弱势群体，导致政策并非单纯的代表弱势群体的利益，反映在居民意愿当中，就表现为居民的意愿不能得到有效的体现。

4.8 外部发展压力的影响：城市发展压力对居民意愿的影响

4.8.1 城市竞争力影响下出现的问题

4.8.1.1 城市竞争力的缘起

1970年代中期以来，资本主义生产逐渐向新的规则模式转变，企业积极努力地降低成本和提高产出以应对所面临的收益率危机，而跨国公司得以大力发展并推动了经济的全球化。城市被推到竞争的最前沿，由此，一方面，城市经济的发展获得了新的竞争机会；但另一方面，固然有胜出者必将因此占据一定区域范围内的经济和文化发展主导地位，但大多数城市将在这样的竞争中沦为失败者（栾峰、何丹，2004）。城市之间的竞争空前激烈。

1998 年，M. Porter 将竞争理论运用于城市，提出城市通过人力、基础设施、城市管制系统、生活质量的良性供给、竞争投资、人口、旅游、公共基金以及重大的标志性事件，提高城市竞争力。进入 2000 年，城市竞争力（Urban Competitiveness）成为描述中国城市特征的关键词之一。中国社会科学院、上海社会科学院分别成立了城市竞争力研究中心，并自 2002 年开始发布《中国城市竞争力报告》。这一现象更多的是在全球化和政府地方分权背景下产生的，原有的金字塔城市等级体系开始扁平化和网络化，大小区域内的城市与城市之间的竞争开始激烈起来，城市成为竞争的主体。城市的经济、社会、政治目标的提高和实现都取决于城市的竞争能力和在城市网络中的地位，目前国内兴起的发展战略研究也从侧面反映了城市之间的竞争生存的压力。

4.8.1.2 城市竞争力的指标

2005 年出版的《中国城市竞争力报告 No. 2》（2005）指出，城市综合竞争力指标由人才本体竞争力、企业本体竞争力、生活环境竞争力、商务环境竞争力四大类指标综合而成。

4.8.1.3 城市形象也是城市竞争力

在城市竞争力的四大类指标当中，其中生活环境竞争力主要由经济吸引力和社会凝聚力加以体现，分别由私人消费和服务、基础设施质量、卫生教育基础设施质量、城市自然环境、就业机会、司法环境、制度环境、文化氛围、政府服务九个指标组成。其中的私人消费和服务、基础设施质量、城市自然环境等评价要素，暗含了一个因素，那就是城市形象（City Identity）。从这个意义上来讲，城市形象也是城市竞争力。

城市形象，不仅仅是对城市物质形态的描述、城市现实的理性再现，也是公众对城市总体的、抽象的、概括的认识和评价，它不仅仅停留在视觉层次上，而是由“社会的、文化的和空间领域的变量”（Social，Cultural and Territorial Variables）综合形成的。从当前的城市实践来讲，城市形象包括城市品牌、城市事件和城市空间三个方面（BEP：Brand，Event，Place），当然，城市空间形象作为城市社会、文化的空间载体，成为城市规划尤其是城市设计的重点研究客体。

4.8.1.4 城市形象的组成要素

城市形象作为城市竞争力的要素体现在：

（1）独特的、内涵积极的城市品牌（Brand），有利于增加公众对城市的注意力，进而转化为持久的影响力与生产力，为城市的开放和参与区域竞争奠定基础。

（2）城市事件（Event）为一系列不同形式的仪式、典礼、会展、节庆、演出、旅游等形成。事件的象征性和公共性使城市事件对城市发展起到深刻影响，城市事件也直接反映城市的文化特性，反映城市开放度和活力，对城市经济起到推进作用，同时反映作为城市竞争力另一构成要素的城市政府组织和管理能力。

（3）城市空间（Place）形象则是品牌和事件的空间载体与空间体现，城市的空间要素：建筑群、街道、标志建筑、公共空间等形成城市的视觉形象符号，体现城市的精神和城市文化，当然城市空间形象同时提供给市民良好的空间环境感知。由此，在城市竞争的时代，城市形象将城市品牌、城市事件和城市空间三者共同构成一个复合整体，同时成为城市竞争力构成的重要因素。

通过对城市形象组成要素的分析，可以解释城市政府在塑造城市品牌、举办城市各种事件以及在城市空间形象上所作的努力。

4.8.1.5 对居民意愿的影响

城市形象作为城市竞争力的评价要素，不难理解近几年来政府在改善城市形象上的良苦用心。正如第2章“平改坡”发展过程所述，旧住宅的“平改坡”工程首先是一次城市美化运动并且从被冠以“平改坡”的特点可以看出，美化住宅形象本身就是工程的一个重点，改造内容必然包括改善形象的内容。当然，随着工程的深入，进一步发展为一项具有示范意义的改造工程。可以说，旧小区“平改坡”综合改造兼顾了城市形象的改善和改善生活两方面任务。对于城市来讲，在城市竞争力这个层面上，住宅的形象改善就变得特别有意义。

而对于居民来说，关于住宅的改造重要的是实用。从实证研究中可以看出，居民更关心改造对于方便生活的意义，而非美化生活。旧住宅区形象的改善对于居民来讲并非不重要，但对于居民来说形象的改善应该是一种结果的体现，而非主要目的的表达。

在城市竞争力这个层面上来解释旧住宅区改造当中所采取的改善住宅形象的做法，可以理解这项工作对于城市发展的意义。然而对于居民来讲，旧住宅区的生活还远没有与促进城市发展联系在一起。

当然，在某种程度上讲，旧住宅区形象的改善对于居民来讲也是非常重要的，而且客观上来讲改善形象和改善生活并不矛盾，但对改善形象的过分关注，以及缺乏技术手段将改善形象和改善生活很好地结合，在客观上背离了居民的意愿。

事实上，在这里也可以看出城市规划更多的是服务于城市经济发展的一种手段，而非协调利益关系的一种政策。还有，旧住宅区的更新改造背负了太多的内容，城市发展的成本也通过这种方式转嫁到旧住宅区上面，最终转嫁到居民身上。

在这里，笔者不禁想问旧住宅区的更新改造是不是太沉重了？是不是一定要背负这么多的内容？

4.8.2 现阶段城市发展政策导向出现的问题

4.8.2.1 地段提升（Place Promotion）的背景

地段提升是目前资本主义城市中城市管制中的一项重要议题（Wu，2000）。在西方发达国家，近十几年来关于企业家城市议题的研究论文非常多（Harvey，1989；Short and Kim，1999），主要围绕土地的经营和城市的形象再造（如 Ashworth 和 Voogd，1990；Paddison，1993；Short 等，1993；Cochrane 等，1996；Peck 和 Tickell，1995；Chevrant-Breton，1997 等）。在我国，关于企业家城市的议题的论文在这几年也逐步丰富起来（如栾峰、何丹，2004）。

地段提升的作用就是通过创造或改进地段的整体形象来提高地段的竞争力。一般的理解，地段提升的目的是改变以前的工业形象，并用来吸引投资，在更广义的层面，地段提升的含义是非商业组织借助私人机构的商业行为来促进城市发展（Wu，2000）。在许多西方城市，在企业家理念的影响下城市的福利目标让位于城市的竞争力和城市经济增长的目标。然而，关于地段提升的起因相当复杂，并不仅仅是因为政府迫于发展压力，通过吸引资本促使内城竞争力的增加。西方的研究还发现当前社会主义国家的相对发达的城市也在经历地段提升的过程（Young 和 Kaczmarek，1999；Herrschel，1998），这其中就包括上海。

4.8.2.2 上海地段提升的发展

在上海，地段提升受到中央政府的强有力的支持，主要围绕地段的改造进行。在美国，这项工作主要由商业部组织私人部门进行，而在欧洲，当地政府也参与到其中。1992 年，党的十四大召开，中央政府确立了开放浦东，将上海建设成为一个国际化的经济、金融和贸易中心，并以此带动长江三角洲的发展。拓展上海的城市空间和功能服务于国家发展战略。虽然在词典里查不到地段提升这个短语，但其实地段提升的做法很自然的已经体现在城市发展当中，正如日本学者所说（Machimura，1998），对于重塑上海城市形象的许多做法来说，地段提升并不是西方的发明。

20 世纪 80 年代末，财税改革使得上海获得了更多的优惠条件和自主权（Yeung and Sung，1996）。1990 年，浦东新区建立并获得了税收和政策上的优惠以吸引投资。浦东新区的建立标志着上海发展新时代的到来。在 20

世纪 90 年代，上海吸引了许多国际的金融机构前来落户，吸引了众多的跨国企业前来投资。在整个 20 世纪 90 年代，上海经历了一次城市建设高潮。

上海的地段提升运动的一个特点就是中央政府的强有力的支持，而在其他城市，中央政府的支持力度变化较大（Wu，2000）。当然，中央政府的支持源于整个国家发展战略的考虑。在经过了初期的成功以后，中央政府决定让上海更加积极地融入到全球的新经济当中。

上海的城市发展，如同中国的其他城市一样，伴随着市场和非市场的因素。决策过程受中央政府和地方政府的影响。在过去的五十多年里，上海的形象发生了变化。城市从一个消费型城市变成一个生产型城市，这主要受国家投资结构的影响。直到 20 世纪 90 年代，上海还一直是一个工业城市。但城市已经开始认识到第三产业对城市发展的重要作用，并逐步认清城市的金融和贸易中心的定位。

4.8.2.3 上海地段提升的主要内容

上海地段提升的主要内容与西方国家相比，在细节上虽然有些不同，但总体上是一致的，例如强调基于发展的管理模式、优惠的政策以及优质的基础设施等。主要包括以下几部分内容（Wu，2000）：

1. 通过土地批租出让土地

政府可以通过土地批租手段使得出让的土地获得地段提升的效果。围绕土地批租，政府为开发商颁布了大量的政策以确保地段提升的效果。地段的提升不只是形象的改变，更多的是指物质环境的综合提升。

2. 城市的国际化

包括：通过建设国际化的设施体现国际化大都市的城市形象；通过开办国际化的学校来解决涉外人员的子女就学问题等。

3. 举办国际事件

举办开放性的带有国际化色彩城市节日和事件成为这几年的一个焦点。据 2005 年上半年统计，上海共承办国际性展览会 87 场[1]。具有国际影响的“全球 99 财富论坛”以及“2002APEC 会议”都在上海举行，2004 年 F1 中国大奖赛如期举行等。这些事件都提高了上海在国际上的影响。

4. 建设带有象征性的城市景观

在 20 世纪 90 年代以后，上海每年都有大量的基础设施建设，其中不乏一些在国际上有影响的建筑、基础设施以及城市景观，如黄浦江上的大桥建设，杨浦大桥、南浦大桥、卢浦大桥、奉浦大桥、徐浦大桥等；著名的建筑

---

1 数据来源（查询日期：2005.09.25）：上海会展协会。相关网页：http：//www.sceia.com.cn/html/3_02_03.htm.

如东方明珠、金茂大厦等；还有世界上第一条投入运营的磁悬浮铁路等。同时，大规模的旧城改造也已经展开，旧城的面貌焕然一新。

这些具有象征意义的城市建筑和景观无形当中在向世界传递一个信息，那就是上海正在快步融入世界。

4.8.2.4 上海地段提升的政策导向

地段提升在上海有许多主题。广义上讲，这些主题围绕的一个中心就是出售城市作为一个生产中心。Short 和 Kim（1999）在他们对美国城市的杂志广告分析中，将这些主题分为两类：一类是作为工作的城市，低税收、廉价劳动力以及普遍的传统商业环境的城市意向；另一类是作为展示的城市，以吸引消费、会展和会议。尽管上海正在经历国际化的过程，但上海整个城市的提升主要还是基于作为一个生产基地的功能（Wu，2000）。这主要还是因为其经济发展阶段所决定的，尽管这个城市正在从一个制造业城市向第三产业、服务业为主的城市转变。与那些后工业城市基于改变工业形象的地段提升做法相比，上海并不强调城市发展的后现代特征。事实上，上海对国际化的强调与现实情况相比显得很奇怪。毕竟上海还是一个非常中国化的城市。正在成长的全球化的烙印并没有代替带有深深的地方特色的习俗和行为，并且与上海的六大支柱产业相比，旅游产业并没有得到足够的重视。地段提升在上海还带有深刻的工业烙印，虽然一些后工业时代的产业如金融、贸易已经得到重视。

通过对上海城市“地段提升”运动的分析可以发现，全球化的背景下出现的“地段提升”运动，有三个特点值得注意：

（1）地段提升的方式和目的使上海更倾向于成为一个生产性的中心，而非生活性中心。

（2）在企业家理念的影响下城市的福利目标让位于城市的竞争力和城市经济增长的目标。

（3）在基于发展的理念下，强调总体收入的增长而非关注公共利益的平衡以及合理分配。

“全球化”使所有城市不可避免地融入到全球化的经济体系当中，竞争的压力使得城市必须持续发展，在这个大背景的影响下，城市的政策体系也体现出倾向“生产”、“增长”以及“推动”的导向。对于城市来讲，发展滞后的直接后果是经济地位的下滑，这必将直接导致城市在整个城市体系当中位置的变动，这种过程可以用政治经济学的理论来解释，全球城市的竞争实质是一种世界政治经济现象，这同时也导致了一个新兴学科的出现，即“全球政治经济学”（Global Political Economy，GPE）（李滨，2004）。

4.8.2.5 对居民意愿的影响

地段提升，它实际上是当前城市应对全球化条件下城市之间相互竞争所采取措施的一种总称。正如前面城市竞争力提到的，在全球化和政府地方分权背景下，原有的金字塔城市等级体系开始扁平化和网络化，大小区域内的城市与城市之间的竞争开始激烈起来，城市成为竞争的主体。城市的经济、社会、政治目标的提高和实现都取决于城市的竞争能力和在城市网络中的地位。

将地段提升所体现出的倾向生产、经济增长以及总收入增长的政策导向，与城市规划所处阶段相比较，可以解释为什么当前中国城市规划还是作为促进经济增长的一种手段；或者从另一个角度，从城市规划变革的客观规律来讲，当前的地段提升在一定程度上延缓了规划方式的变革。因此，在经济和社会发展还不完善的情况下，在制度环境还不健全的情况下，面对全球化的竞争压力，中国城市发展不得不制定的一些倾向于发展的政策就很好理解了。

那么这些政策对居民的影响如何呢？通过对比可以看出，从宏观层面，如果站在居民的角度，“全球化”背景下发生的城市“地段提升”体现出的政策导向，与作为个体的城市居民的预期和愿望还是产生相当的背离。这是因为，对于生活在城市当中的个体来说，城市发展如何固然重要，但自身在城市中的生活状况如何却是他们最关注的：生活是否舒适、福利是否充分以及公平问题是否能够很好地解决，这些问题对他们来说更有实际的意义。因此，从宏观的层面来讲，城市发展体现出来的“政策倾向”，与居民生活所体现出来的“意愿倾向”产生偏差。而在倾向于发展的趋势影响下制定的相关政策，必然与倾向于生活的居民意愿产生偏差，影响居民意愿的实现。

4.9 总　结

4.9.1 实证研究体现出的影响居民意愿的表面因素

通过实证研究可以看出影响居民意愿的因素有三个方面。

首先，更新改造的过程影响居民意愿的实现。从实证研究来看，通过告知、咨询、参与等方式将居民与改造活动有效地融合在一起，将有助于找出旧住宅区问题所在，有助于提高居民对改造方式的认同，有助于居住满意度的提高，并能够提高居民的出资意愿。因此，是否能够体现居民的意愿与是否能够将居民有效地融入到改造行为当中是紧密地联系在一起的。即使是单方的带有福利性质的改造，如果采取独立于居民以外的改造方式，也不能够真正达到改善居民生活的目的。实证研究的一个重要结论就是证明了过程的重要性，对于居民来说，民主化的进程促使他们有着强烈的要求参与到类似改造活动的社会活动中来，对于事物的判断不仅仅依照其结果，也体现为对过程的重视。事实上，在本次实证研究结果显示，在某些小区，甚至因为改造出现相当的受访者满意度下降的情况，事实上并不是因为改造的结果真的不如以前，而是如先前陈述的那样，他们希望通过问卷调查这个渠道来反映游离在改造活动以外的不满。而当前更新改造活动还不能够有效地将居民融入到过程当中，在客观上影响了居民意愿的实现。

其次，当前制度、政策的缺位影响居民意愿的实现。一方面，规范的缺失、标准的模糊以及相关配套政策的缺失在客观上阻碍了更新改造的进一步拓展，也在一定程度上阻碍了技术手段的发挥；另一方面，技术手段方面本身出现的不够细致的问题以及体现出的偏向美观的倾向同样阻碍了居民意愿的实现。

第三，基层管理机构不够完善影响居民意愿的实现。传统的基层管理组织（如居委会）所处的困境，新兴的居民自治组织（如业主委员会）所表现出的萌芽状态使得它们无法有效地组织居民进行参与，代表居民进行意愿表达，使得居民意愿传达的途径受到限制，在客观上也影响了居民意愿的实现。

4.9.2 理论和背景研究体现出的影响居民意愿的根本因素

通过进行理论分析和背景研究，可以得出影响居民意愿的根本因素有三方面。

首先是来自于城市规划专业领域的影响。一方面，社会转型的同时，城市规划没有转型，当前用表现为第二阶段特征的促进经济发展的城市规划手段，去完成第三阶段的平衡各方利益、倾向弱势群体的任务，显然是无法完成的。目的与手段之间的不匹配、规划手段与规划阶段的不匹配影响了规划的作用，在客观上就表现为制度性障碍，如规范的缺失、标准的模糊以及相关配套政策的缺失。另一方面，城市规划自身发展的滞后性也形成一定程度的制度性障碍，如宏观规划体系的不够完善、规划技术手段的落后、规划方式的问题、规划程序的问题等。

其次是来自社会转型的影响。一方面，我国正在经历“国家—社会”关系的转型，国家与社会的关系正在经历由“强国家—弱社会”向“强国家—强社会”的转变过程。国家权力在向下渗透过程中与市民权利在基层管理组织层面发生激烈的碰撞，客观上要求强有力的基层管理组织来支撑。而处于发展中的相对弱小的基层管理组织因为不堪重负，在客观上表现为旧住宅区基层管理组织不够完善。同时这也造成了两种尴尬的局面，即国家权力和意志无法有效地传达给个人，个体意愿无法有效地传达给国家。在更新改造过程中就表现为国家改善旧住宅区居民生活条件的意图无法通过基层管理组织的配合来有效的体现，以及居民的意愿无法通过基层管理组织进行有效的反馈、修正以及有效的实现。另一方面，当前制定的包括旧住宅区更新改造在内的倾向于弱势群体的政策，事实上只是政府缓和强势群体和弱势群体矛盾的一种方式，而非弱势群体通过表达利益要求影响政府决策的结果。从政策的价值倾向以及政策代表的利益主体来看，它仍然体现和代表着强势和弱势两个群体的利益，由于不是单纯地代表弱势群体，导致政策并非单纯地代表弱势群体的利益，反映在居民意愿当中，就表现为居民的意愿不能得到有效的体现。客观表现为更新改造更加注重结果和形式，而忽略了过程，对居民的诉求的处理形式大于内容，这也是客观上造成的规划理论滞后、政策障碍、手段缺失的一个原因。

第三是来自于城市发展宏观背景的影响。一方面，城市形象也是城市竞争力，对于城市来讲，在城市竞争力这个层面上，住宅的形象改善就变得特别有意义，旧小区“平改坡”综合改造兼顾了城市形象的改善和改善生活两方面任务。而对于居民来说，他们更关心改造对于方便生活的意义，而非美化生活。旧住宅区形象的改善对于居民来讲并非不重要，但对于居民来说形象的改善应该是一种结果的体现，而非主要目的的表达。但对改善形象的过分关注，以及缺乏技术手段将改善形象和改善生活很好的结合，造成了有些更新改造内容美观而不实用的问题。从根本上来讲，这是城市竞争的压力最终转嫁到旧住宅区居民的一种表现，也可以看做是城市发展成本在旧住宅区更新改造中的一种体现。客观上表现为实证研究中体现的部分改造内容、改造方式、改造结果倾向美观的价值取向。另一方面，从城市的整体层面来看，地段提升所体现出的倾向生产、经济增长以及总收入增长的政策导向，是造成当前制度障碍的根本原因。它影响城市规划的转型，使得现阶段城市规划依然是表现为促进城市发展的一种手段；影响技术手段实施的价值取向，更新改造内容和方式的美观取向是为了提高城市竞争力；社会转型当中倾向弱势群体的政策事实上只是缓和强势群体和弱势群体矛盾的一种方式，而非单纯从公平、社会福利角度出发等。地段提升所体现出来的政策倾向与居民的意愿倾向产生背离。

结合实证研究和理论背景研究可以发现，当前影响居民意愿的根本原因是没有以“居民”为中心制定政策，特别是没有以旧住宅区中的处于弱势群体的“居民”为中心制定政策，而是以社会发展为中心制定政策，是影响居民意愿的根本原因。

4.9.3 从居民角度对影响居民意愿因素的解释

如前所述，城市的发展面临着全球化的影响、城市竞争的压力以及社会分层和转型的困惑。在当前社会发展背景下，一系列的转型和一系列的构建并存[1]，城市居民处在迷失的社会环境当中。在一份关于中产阶级的调查当中（沈晖，2004）[2]，在随机抽样的人群当中，关于自身所处阶层的认知度差别非常大，不管是高收入和低收入。应该说，在现阶段社会处于整合时期，城市居民自我的定位也处于模糊阶段。同样对比发达国家，国家对待经济地位不同的群体有着完备的制度相对应，概括的讲，对待高收入群体，采取相

1 改革开放以后，特别是进入20世纪90年代以来，是国家颁布各种政策和法律最为集中的时期。

2 沈晖. 当代中国中产阶级认同现状探析. [2005-08-04]. http://www.usc.cuhk.edu.hk/wk_wzdetails.asp?id=3770.

对来讲高赋税的政策，而对待中低收入群体，采取扶持补贴的政策。换一个角度来讲，高收入群体拥有更多的经济资源，它可以用经济资源来换取他所需要的其他资源；而中低收入群体拥有的经济资源有限，在市场经济崇尚等价交换的前提下，他们可以利用制度资源来换取他们需要的其他资源。简单地说，作为交换的筹码，高收入群体依赖“经济资源”，而中低收入群体依赖“制度资源”。

客观地说，在改革开放以后，特别是20世纪90年代以来，我国的制度建设取得了很大成绩，但远未完善。目前的阶段，在制度环境尚未有明确的倾向性的情况下，高收入群体依然有更多的“经济资源”可以利用，按照等价交换的原则，他们可以换取更多的其他资源来满足自身的其他要求，而对于中低收入者来讲，完善的倾向于低收入者的政策还没有建立起来，使他们处于弱势地位，缺少可以利用的“制度资源”，这就影响了意愿的实现。同时，在社会转型过程中联系“国家”与“个人”之间的中介组织还没有建立起来，使他们的意愿表达受到限制，这在一定程度上阻碍了这个群体自身意愿的表达。

第5章　旧住区改造的民意回归途径

5.1　宏观领域的制度建设

5.1.1　规划领域：制定公平导向的空间规划对策

5.1.1.1　必要性

让我们重新审视中国城市规划的三个技术性阶段目标[1]，在经历了住房、交通、环境等几大难题之后，下一个难题将是城市的社会问题。这实际上也说明了当前的城市规划正在进入其发展的第三个技术性阶段，即在这种迅速发展的过程中，伴随诸多矛盾的出现，城市规划应该，也必然成为平衡多方利益的技术手段。因此，在城市规划领域，协调社会群体的利益，为弱势群体和社会中下阶层提供相对公平的生存空间是必要的。市场经济的特点就是其“逐利性”，如果放任其发展，其结果必然就导致社会不均衡的情况发生。因此，需要建立一系列的倾向于中低收入人群及弱势群体的政策来达到社会的均衡发展。反映到城市规划领域，就是需要制定公平导向的城市规划对策，这也是城市规划实现转型的必然要求。

在全球化的宏观背景下，中国城市的转型与西方城市社会空间分异的增加处于类似的趋势之下。另一方面，面对市场经济转型带来的挑战，作为有中国特色的社会主义国家，建设小康社会的发展目标迫切需要体现政府和社会对于弱势群体的关怀。因此，规划作为空间资源配置的调控工具，对空间极化问题进行有效的整合在当前具有迫切性。城市规划工作如何体现社会公平，特别是如何体现对弱势群体的关怀，可以说应该成为当前的一个重要课题。

1998年，美国住房和城市发展部开始对芝加哥著名的加布里尼-格林公共住宅区进行改造，这一事件在建筑和城市规划界引起了广泛关注。官方希望通过新的改造将加布里尼变成多用途、肤色混合、阶层混合的新社区，以

1　中国城市规划的三个技术性阶段目标：在城市规模发展的初期，城市规划是解决有无的问题；在城市迅速发展起来以后，城市规划被作为驱动城市经济发展的重要工具；在这种迅速发展的过程中，伴随诸多矛盾的出现，城市规划应该，也必然成为平衡多方利益的技术手段。

扭转其衰败的态势。类似的社会空间分异问题在欧洲特别是北欧福利国家荷兰、瑞典等已经引起了广泛重视，并得以在住房政策、社区规划、地产开发上产生有针对性的措施。一方面，弱势群体问题的出现被视为“复合型”问题，被视为不是单一的市场或者政府作用的结果，而是混合因素诸如住房、劳动力市场、种族、规划等因素的联合产物，因而其治理对策通常表现为各级政府、开发商和社区组织的联合合作。另一方面，政府作用对于居住空间分异的调解主要通过两种途径，一种是由政府介入房地产业，避免住房市场对于住房分派过度的市场化，典型的例子是在比较昂贵的、普通中低收入人群支付不起的社区建设适量的经济住房。或者，通过有效的规划手段实现居住的混合，避免对弱势群体的过度排斥。这方面的例子主要体现在通过混合用地的规划提升居住群体的异质性（Madanipour，*et al*. 1998）。例如荷兰在1995 年制定了所谓“大城政策”（Big Cities Policies），试图通过对住房市场的介入改变社区的人口分层，实现更为异质的人口构成。1995～1998 年，荷兰政府在阿姆斯特丹北部的斯塔斯聂登（Staatslieden）社区——一个传统的衰败的工人聚居区，修建了一系列新住房项目：273 项用于租用的公屋和 318 项用于购买的私房被建成，其建筑类型主要是多户型中高层住宅，同时提供一系列的平房和经济适用的一居室公寓房（studio flat）给残疾人。并且，在住房设计和功能上尽量保持和注意鼓励不同居民的混合性。在住房分配上，优先考虑当地居民入住，而外来居民则控制性地入住，以保持社区人口的异质性。这样，住房类型、住房销售和租用等都处于规划介入中，取得了一定的社会效果。

因此，姑且不去谈论混合居住在中国是不是能够起到很好的作用，仅仅从国外的经验或者理性分析的角度出发就能看出，适度的混合居住将有利于社会资源的充分利用，将有助于消除因为空间极化所产生的社会成本。

5.1.1.2 对策

与西方城市空间分异极化的区别在于，中国城市空间重构是由于其35%的城市化水平，由于特殊的加速城市化阶段决定的。城市开发建设作为带动宏观经济发展的增长点，政府对城市空间飞速转型的支持是可以理解的。当前中国“企业化政府”的出现和“经营城市”的发展乃至追求“国际城市”、“全球城市”的建设都是为了经济的快速发展，因此新的社会空间分异和弱势群体集聚区的出现可以看做是中国政治经济转型不可避免的必然结果（李志刚、张京祥，2004）。

多年来我国的住宅区规划建设和改造都是一个“自上而下”的或由政治主体（国家、政府）或由市场主体（开发商）主导的过程（孙施文、邓永成，2001）。城市的开发理念以开发性为主，考虑的基本是静态的工程性建成环境，很少考察对居民群体构成的影响。在计划经济时代，政府规划开发的居住区由于单位控制管理，居民处于被动的接受状态。而在当前市场经济背景下，新的住宅区开发则完全由开发商主导。但是，随着近年来政府、社会和媒体对弱势群体的关注，对于城市空间资源如何公平的配置也理应成为一个重要的考察课题。

笔者认为规划体系至少可以在大都市空间层面、次级都市空间层面和社区尺度上采取适当的战略调整，实现对于空间分异和弱势群体排斥等社会问题的缓解。对我国城市来说，可在城市、区、街道和居住区四个层次上展开。

1. 大都市空间：城市层面的对策

在城市层面，新的城市空间发展战略和总体规划应采取更为公平融合性的视野。借鉴悉尼 UFP 报告[1]，新的规划战略方向应包括：公平，融合，平衡，参与。

（1）公平原则强调将规划评价标准的公平，使之成为规划的政策目标。包括公平公正的分配接触空间资源。

（2）融合原则强调的是对城市弱势群体社区的重视。在城市中特别是中心区保证弱势群体社区的存在，避免产生通过房地产的再开发将土地置换成中高档商品房的做法。

（3）平衡原则强调的是在有价值的文化环境商品以及交通等方面，追求社会经济机会的公平。这里并非指对社会环境平衡做出具体的限定，而是指在公共和私人投资方面应保证全体居民有公平的机会。

（4）参与原则强调全体居民积极地参与到住宅区的规划、更新改造和开发上来，政府、开发商和 NGO（非政府组织）在更高层次的社区发展上开展广泛的合作。

反映在城市规划措施方面，主要表现为在城市总体规划中公共设施规划方面，应该多建设一些城市副中心或者公共商业服务中心，倡导更加重视“副中心”的建设，城市向多中心发展。为此，不仅在规划上应尽量为次中心的开发提供机会，而且政府也应积极引导投资向 CBD 现有中心区以外的转移。就城市层次的发展而言，中国城市空间还不存在西方大规模的郊区化问题，也不存在严重的种族问题，而且我国的城市中心区处于快速发展的繁荣期，因此对于多中心的发展战略，应该说我国城市有更好的实施条件。并且我们欣喜地看到，当前大都市不断出台的次中心发展战略也吻合了对于社会空间公平的关注。

不过应该看到，虽然前一阶段上海市大规模的副中心建设取得了很大的

---

1 指悉尼的“城市前沿项目”UFP（The Urban Frontiers Program）组织最近完成的悉尼研究报告，主要针对居住空间分异问题提出研究对策。

成就[1]，但这一成就的取得很大程度上是房地产过热引起的虚假繁荣。事实上副中心的建设的主要原因一方面是为了疏解中心城区过分密集的人口，从方式上来讲更多的是一种权宜之计。另一方面，大规模的建设事实上是拉动城市经济发展的一种手段[2]。欣欣向荣的副中心建设，与其说是政府调控的结果，不如说是城市空间拓展的规律以及市场经济逐利性的必然结果。而且，从结果来看，新旧城市副中心的价格越拉越大[3]，加剧空间极化，不利于地区间的均衡发展。因此，当前的城市副中心只是在形式上与社会空间公平导向相吻合，但从内容上来讲，还没有切实地将"公平"的内涵贯彻到行动当中。这一点在 2005 年下半年开始的房地产过剩现象可以看出。出于控制房价过快增长的目的，国家相继出台了控制土地以及增加房屋交易成本的措施[4]，对区域的影响就清楚地显现出来。在房地产价格回落过程中，对相对落后区域的房地产影响最大，投机资本撤出使得这些区域的房地产价格回落最大，并产生物业空置的现象，进而对相对落后的地区造成进一步的损害[5]。其结果必然是造成社会资源的极大浪费，同时也将进一步扩大区间的差别。因此，副中心的建设在目前也仅仅是在形式上实现"公平"，还要在内容上进一步的加以补充。同时，在下一步的城市建设中，政府的积极作用是必须的、不可替代的，关于副中心的建设必须要有政府有效的调控和参与，积极地、有序地扶持和引导相对落后地区副中心的建设，在当前强调"科学发展"的背景下，政府的角色应该着重于"协调"，尽量避免市场经济条件下的投机行为。

2. 次级都市空间：区和街道层面

在中观层次上，区和街道一级政府对于城市的发展控制力的增强是很明显的，这一方面体现了我国城市空间管制层面的重构，另一方面也为规划针对城市社区改善提供了条件。相比西方的标准，中国城市居住的高密度是很明显的，而随着市场经济转型和第三产业的发展，近年来城区特别是老城中心区的居住、非居住空间比例不断减少，这就迫切需要城市规划工作者在规划中保持对于区域特别是城区及其空间尺度上娱乐设施、学校、老年设施等

1 上海从 21 世纪开始注重城市副中心的建设，除了传统的徐家汇、人民广场等传统副中心，还新建了诸如大宁绿地、中山公园等副中心。

2 2004 年房地产及其相关行业总共拉动上海 GDP 增长了 19.5%，堪称名副其实的上海第一产业。相关网页（查询日期：2005.12.19）：http：//blog. soufun. com/5214773/detail _ 32959. htm.

3 上海新旧副中心房价差异很大，可查《上海楼市》。

4 如国务院颁布的《国务院关于加强城乡规划监督管理的通知》，强调了近期建设规划的重要性，实际的目的是控制城市建设用地的扩张速度。

5 虽然大规模的副中心建设产生了大量的物业，但在 2005 年下半年后，相对已有的副中心如淮海路、徐家汇，新建的副中心诸如浦东世纪公园、闸北大宁绿地、杨浦五角场等地区的房价出现了较大规模的下滑，主要是由于房地产投机造成的。

的合理公平布局的考虑。

同时，在城市的次一级空间尺度上，应该更加重视目前城市中大量存在的公房社区，并提倡融合性的住区整体设计。一方面，非居住空间资源的分配对于社会公平问题意义重大，如娱乐设施、教育、健康、卫生等。而证据表明居住空间与非居住空间比例的加大将增加社会空间的不平等，特别是对于高价值和必需设施而言，原因在于这些资源相对稀缺性的增加。因此在城市中观尺度上，规划应该重点关注对于这些设施分配的连续性和公正性，特别是在大量性的公房社区。这就要求对于非居住空间资源的布局分配进行深入的从公平角度出发的考察，着手制定针对不同阶层的公共服务设施规划，实现区域性布局的优化合理。另一方面，应在国家政策法规上着手避免“防卫型社区”（Gated Community）的出现，并且应该防止那些设施和房屋衰败的旧住宅区继续下滑。

3. 微观空间：社区及住宅区层面

对于“防卫型”的住宅区，从单位大院到今天保安林立的别墅区，尽管这一现象在中国城市并不陌生，古已有之，但其存在确乎妨碍了融合性的社会形态的建设，因此规划中如何既保证住宅区的安全，又要体现住宅区的社会功能，就应该成为考察的视角。另一方面，对公共空间特别是开放空间而言，不仅功能上需要合理布局，而且需要评价其对于周围社区，特别是弱势群体社区发展的潜在影响和作用。

在微观空间尺度也就是住宅区尺度上，公平型的发展建设将是一个融合政府、开发商和居民参与的系统工程。除了环境的整治以外，还包括诸多方面，如住宅区尺度上的文化改造以及社会规划整合，并且应该有系统的“社区状况报告”以及根据住宅区各方面的改造结果，设定“地段提升奖”等多个方面。欧洲的经验表明了规划决策应最后取决于最低层次的空间尺度，方能取得最佳效果。因此，街道一级政府应该作为最为关键的角色参与到对居民特别是弱势群体的融合和关怀上。

（1）强化街道办事处职能，不仅应该对社区的健康、环境和建设负责，而且应该对社区的主要社会影响负责。

（2）建立更为合作的规划系统以处理越来越复杂的环境和社会排斥问题。

（3）建议开展所谓“社区成员听证会”（Audits of Community Well-Being）制度，听取社区成员，特别是弱势群体对于存在的或潜在的排斥，不公平等问题的意见和建议。

（4）建议政府在每年的城市规划奖项的评估上，设立相应奖项，特别是在城市微观空间层面设立规划改善弱势群体社区的特别奖项。

4. 提倡“小分异、大混合”的居住模式

以“各个阶层都能得益于发展”为社会改良目标，对低收入者的就业、居住与生存发展条件予以综合考虑，通过改进现有的土地使用政策和住房政策，鼓励不同收入阶层的混合居住。

（1）提倡邻里同质，社区混合的混合居住模式。通过混合居住模式各收入阶层，为低收入居民提供平等的外部经济环境，为其自身的社会生活能力与质量的提升创造同等的外部机会，体现社会公平。国外的有效做法是 Oscar Newman 提出的迷你邻里理论，通过将不同数量的公共住宅单元整合辅导不同规模的中产阶级邻里中，促进不同阶级的混合居住。

（2）提倡住区的小规模开发。即使每个小区存在隔离的状态，但在城市大范围上可以避免不同收入阶层在城市空间上成片聚居和分化，能够使居住分异程度显著降低。

（3）根据居住者的主体特征、生活方式、居住偏好高等因人而异的做出规划，比如类似手工作坊式居住工作合一的居住空间对低收入阶层十分必要，需要在居住地附近，建立在地缘基础上的就业场所（比如各种小店、小摊点等）。

5.1.2 政府层面：制定增加就业导向的社区发展对策

5.1.2.1 必要性

编制城市规划以及制定相关政策的核心目的是为了旧住宅区更好的发展，近几年来，“社区发展”的话题成为近几年城市规划以及社会发展领域的一个关键词，“社区可持续发展”的观念深入人心。从旧住宅区的现实情况来看，除了面临物质环境老化，还有其他的情况值得关注。

1. 有工作能力的人员闲置情况突出

从调查的情况来看，受访者离退休所占比例较高，占到总比例的 36.8%；下岗和失业占比例较高，为 12.5%[1]。不过，我们也可以看到，包括学生在内，在职的只占到 48.5%。换一个角度，不在职的占到 51.5%的比例，超过了半数，这么大比例的人的日常生活主要在居住小区，是一个不得不面对的事情。其中中年阶段 35～45 以及 45～55 岁阶段失业比重较高，在 18%左右，而且 45～55 岁年龄段在职比例也只有 44.6%。从不同地区情况来看，相似的情况是离退休的比例较高（见表 5-1）。随着人们生活水平以及平均寿命[2] 的提高，中老年年龄段居民的身体状况较以前有了很大的改善。并且对于生活在旧住宅区的广大中低收入居民来说，通过合适的就业和

1 2004 年 12 月 9 日，上海市政府新闻发布会公布：2004 年年底，上海城镇登记失业率将控制在 4.6%之内。相关网页（查询日期：2005.07.25）：http：//www.jfdaily.com.cn/gb/node2/node17/node167/node47593/node47596/userobject1ai722599.html.

2 上海 2005 年 2 月 28 日召开的上海市卫生工作会议宣布上海市 2004 年人均寿命为 80.29 岁。

再就业获得一定的收入对于改善生活和维护社区稳定来说具有双重意义。

不同地区居民职业状况 **表 5-1**

地区	受访者职业状况									总计
	在职	下岗或者失业	离休	离退休	协保	实习	学生	长病假	待退休	
杨浦区	39.3%	14.8%	2.5%	32.8%	1.6%	0.8%	6.6%	0.8%	0.8%	100.0%
虹口区	54.2%	6.0%	0.0%	33.8%	0.0%	0.0%	6.0%	0.0%	0.0%	100.0%
普陀区	19.7%	12.7%	0.0%	67.6%	0.0%	0.0%	0.0%	0.0%	0.0%	100.0%
闸北区	54.0%	12.1%	0.8%	29.1%	0.0%	0.0%	4.0%	0.0%	0.0%	100.0%
静安区	45.2%	17.0%	1.5%	32.6%	1.5%	0.0%	2.2%	0.0%	0.0%	100.0%
长宁区	51.6%	7.8%	0.0%	29.7%	3.1%	0.0%	3.1%	3.1%	1.6%	100.0%
总计	44.7%	12.5%	1.0%	36.0%	1.0%	0.2%	3.8%	0.5%	0.3%	100.0%

2. 居民素质期待提高

调查中显示，在回答“小区发展的主要问题”时，居民的素质是最为突出的一个问题。这反映了居民自身的觉醒，也反映了人的因素在对于这些旧住宅区发展的意义。

同时，居民的素质问题在全球化影响下的国际化大都市应该得到充分的重视。在经济重构和社会变迁等背景下，新城市贫困（New Urban Poverty）问题是一个值得关注的现象。Mingione（1993）指出在过去的20年里，在整个工业化世界尤其是在大城市出现了社会生活条件的严重恶化，具体表现为以下基本现象：乞丐和无家可归者随处可见；高失业率和在业低收入、无保障，尤其集中在社会地位低下的人群；年轻人团伙的街头犯罪和暴力活动，且儿童参与率提高；在内城游荡的社会闲散人员和精神抑郁人员数量增长；大面积的住房老化和地方退化等。虽然这些现象在我国还没有显著的表现，但在一些特大城市的传统工业区已经出现端倪[1]。

发生这种现象的根本原因是由于经济重构（主要指产业升级）以及社会变迁（主要指福利制度）的重构所造成的原来的产业工人不能适应变化的工作环境而造成的失业，在业低收入、无保障等情况。其实这种变化与上海市目前和已经在变化的情况及其类似，应该得到重视。见表5-2、表5-3。

居民对小区发展主要问题的看法 **表 5-2**

选项	频次	百分比	有效百分比	累积百分比
小区环境	96	16.0	16.0	16.0
居民素质	163	27.2	27.2	43.2
干部素质	85	14.1	14.1	57.3
经济资源	123	20.5	20.5	77.8
管理机制	133	22.2	22.2	100.0
总计	600	100.0	100.0	

---

1 如沈阳的铁西区。

不同地区居民对小区发展主要问题的看法　　表 5-3

选项		小区环境	居民素质	干部素质	经济资源	管理机制	总计
杨浦区	占本地区(%)	18.9%	17.2%	26.2%	9.8%	27.9%	100.0%
虹口区	占本地区(%)	8.4%	36.1%	16.9%	7.2%	31.4%	100.0%
普陀区	占本地区(%)	32.4%	11.3%	7.0%	38.0%	11.3%	100.0%
闸北区	占本地区(%)	8.1%	37.1%	16.9%	14.5%	23.4%	100.0%
静安区	占本地区(%)	17.6%	34.6%	9.6%	22.8%	15.4%	100.0%
长宁区	占本地区(%)	14.1%	17.2%	0.0%	45.3%	23.4%	100.0%
总计	占总体(%)	16.0%	27.2%	14.2%	20.5%	22.1%	100.0%

因此，通过规划手段解决静态的生存空间问题固然重要，但对于旧住宅区的居民来说，通过培训、就业以及再就业，通过提高居民素质，顺应时代的变革并获得持续发展的内在动力对于他们来说更有意义。制定拟在增加旧住宅区居民就业的倾向性政策，有助于实现个人发展意义上的社会公平。

5.1.2.2　对策

1. *加强职业技术培训，提高劳动者职业技能*

为适应日新月异的高新技术发展的需要，应该在失业人员中广泛开展再就业培训，并把它视为是再就业工程的重要内容和基本前提。例如，美国为帮助失业者尽快适应新的经济形势，从十几年前就开始注意再就业培训问题，还专门制定《就业训练法》，主要是为失业者、青年人和贫困者进行培训提供法律保证。为了贯彻这一法案，在美国联邦、州和地方各级政府还建立了相应的实施机构。近些年来，政府每年对就业培训活动拨款近 70 亿美元进行资助。目前美国约有 70%的失业者经过培训后找到了新的工作。再如德国政府十分重视对失业者的培训工作，专门制订了培训计划和实施方案。据统计，到目前为止德国已有 50%左右的待业者和失业者接受了各种培训[1]。

因此，在当前旧住宅区所在的街道，应该加强已有的就业培训机构，强化就业培训工作，使之成为社区发展当中的重要工作。

2. *大力发展街道经济，并促使街道经济向社区经济转变*

在上海“两级政府、三级管理”的体制下，街道的权利进一步增强，逐步成为事实上的一级政府（朱健刚，1997）。不管是解决社区发展的经济来源还是就业来讲，着力发展街道经济是解决问题的有效措施之一。同时，在当前社区意识与理念开始在中国兴起的情况下，社区经济也随之萌芽。

近年来出现了一个颇有新意的术语“社会经济”，又称为“第三领域经

1　转引自：刘玉亭等．国外城市贫困问题研究．现代城市研究，2003（1）：78-86.

济”(陈宪，2000)，是指政府和厂商（市场）都难以顾及的一个空间[1]。在这个空间里，个人的精力可以充分发掘出来为公共利益服务；发生在这一领域里的经济活动，既不是公有经济的也不是私有经济的，故称之为社会经济。属于社会经济范畴内的活动，在发达国家主要指志愿者服务、社区服务、社会福利活动、宗教慈善活动等；在发展中国家，因其市场经济发育尚未完善，所以，还包括农村发展、疾病预防和保健、环境保护和政治宣传等。总之，在传统的市场经济无法顾及或几乎不起作用的那一部分社会经济生活领域中，社会经济正发挥着越来越重要的作用。

发展社会经济更深层次上的意义在于，社会经济不是单纯以利润和生产率为基础的，它是以参与社会与社区生活、服务他人为中心的，这正是它同市场经济的根本区别所在。因此，发展社会经济有利于建立亲密的人际关系，有利于稳定社会基层组织，有利于提高人们的生活质量。此外，参与第三领域活动的人可由此而满足其参与感，同时还因为能得到接受其服务的人的尊重和感谢而产生自豪感。这是市场经济无法满足的。

从社区经济的成因及其在全球范围内的蓬勃发展来看，中国街道经济理应将社区经济作为其改革与发展的目标模式。

5.1.3 组织机构：制定健全管理机构、培育中介组织的组织发展对策

5.1.3.1 必要性

在第 4 章的分析当中可以看到，影响居民意愿的一个根本原因是因为在中国社会转型过程、在由“强国家—弱社会”向“强国家—强社会”转变过程中，作为媒介的基层管理组织在变迁当中的问题以及相关组织的缺失。因此，这个过程实际上是国家、社会、个人关系重组的过程，对国家与社会理论的审视将有助于找出答案。

---

1 美国学者黄宗智认为：在分析中国的国家与社会关系时，源自西方的国家与社会两极化模型难以奏效，因为在中国的国家与社会之间或“公域”与“私域”之间，存在一个国家与社会都参与其间的区域，它可以被称为“第三领域”。近代以来这一领域呈现不断扩展和制度化的趋势：在晚清，表现为国家官吏与士绅领袖在此领域内合作进行公益活动；在民国时期则表现为地方商会或自治社团与国家在此域内的扩展的、持续的、出现制度化趋势的合作。用这一框架来认识当代中国的政治——社会结构，可以把公共权力活动的“公共领域”视为“第一领域”，把私人生活和以自由交易为核心的经济领域视为“私人领域”或“私域”(“第二领域”)，另外还有第三个领域，即具有公共性的社会空间，在这个空间里国家力量的渗透与社会自主倾向之间一直相互争夺纠缠，结果往往是国家权力的渗透据于主导地位。这 3 个领域的主体分别是国家（政府组织）、企业与个人、国家与非政府组织。由这一定义可以看出，“第三领域”更准确地说就是社会中的公共领域。在商人或企业家难以成为公民社会发育的主导力量的情况下，民间社会力量的增强并最终形成独立自主的自治空间，从而与公共权力平等互动，主要依靠的是“第三领域”的发展。而“第三领域”公共性和独立性的实现，需要以这个领域的“去国家化”为前提。“第三领域”实现真正的自主后才能有力地推动“私域”向现代社会转型。

国家与社会关系的不同模式体现在政府与市场间的关系上，或者说，政府与市场的关系再上升一个层次就反映了国家与社会关系的模式。需要强调指出的是这里的国家与社会都有其特定含义。“国家”主要指国家机构，带有政治的含义；“社会”则是指与国家相对的概念，指独立于国家机构的、不受国家直接控制的非官方领域。

黑格尔第一次清楚地表达了国家与社会的区别，他把“市民社会”与国家明确分开了，认为市民社会是居于国家和家庭之间的一种存在。在以后的发展中，如何处理国家与社会的关系大致有两种理论分析，即“国家至上论”和“社会至上论”。“国家至上论”者强调国家的强势地位，认为国家是至高无上的，在政治、社会和经济等所有领域都具有最高决定权。它要求国家对社会生活的全面干预，并否认国家体制内社会各种组织和利益团体间存在不同的利益要求和冲突，个人利益和集体利益必须纳入国家利益作为其一部分才有实现的可能性。后者则认为，社会实际上是以个人为中心的，个人由于其利益的诉求方有结社的需要，从而组成各种社会组织。国家当然也是这种社会组织的一种，因此其地位是从属性的，其作用则是极其有限的。对此我们从大卫·休谟、亚当·斯密在各种文献里对国家作用的消极描述中可见一斑。

我们可以把前者眼中的模式归纳为“强国家—弱社会”模式，而把后者归纳为“强社会—弱国家”模式。虽然社会在其中的地位不同，但这两种诉求都有一个共同点，即“国家—社会”的两分法和二元对立模式。“强国家—弱社会”的态势我们都已亲身经历过，而“强社会—弱国家”模式虽然在保护公民权益、防止国家专权方面发挥了重要的作用（因为它要求的就是通过严格限制国家的活动领域来在国家与社会之间划出一条泾渭分明的界限），但是过于强调个人与市场的作用，会在一定程度上破坏社会团结、削弱了国家的管理能力。因此，越来越多的人士开始呼吁应该建立新型的“国家—社会”关系，避免社会的过度原子化的状态，避免国家、社会的两元对立，建立起政府与社会之间的合作关系，培养公民精神。博格和纽豪斯就此指出：“现代社会的两个主要的意识形态—个人主义和国家主义—都不能在个人和国家之间创造富有意义的联系。其中任何一个都可能导致失范与异化，一个是因为社会丧失了位置，另一个则因为社会变得专横并全面侵入人们的生活。因此两种意识形态都可能导致个人的无力感和缺少社会投入。”因此学者们现在越来越开始强调中间机构的重要性，强调“国家—社会中介组织—个人”的三元互动模式，打破以前国家与社会“此消彼长”的“零和”博弈关系，也不再强调国家与社会间的制衡与对抗，而是引进互惠概念，达到国富民强的目的。

同时，在个人利益与公众利益发生矛盾时，需要一个强有力的、对社会成员有约束力的机构来发挥作用，协调产生的矛盾。

因此，在社会变迁过程中，从“国家、社会、个人”关系重组这个意义上，发展和健全作为中介组织的基层管理机构就变得特别有意义。在“渠道”的层面上，为实现居民的意愿、实现国家与个人之间有效的沟通做好“载体”上的准备。

5.1.3.2 对策

具体来讲，制定健全管理机构、培育中介组织的组织发展对策，主要包括两方面的内容。

1. 调整当前基层管理组织的职能，理顺基层管理组织之间的关系

如果城市基层社区组织之间的关系能够理顺，并在法制化的轨道上良性运行，实现各自的功能目标，那么新的“市民社区”将有可能形成，居民区的综合管理水平将会得到很大的提高。其必将有利于培育基层社区的民主参与、管理和监督意识，从而大大推进社区政治发展。

尽管居委会目前已经走上“行政化”道路，自治功能被大大削弱，且自身组织建设上又存在着许多问题。但是，作为成立半个世纪之久的群众组织，居委会不但具有稳定的法律地位和强大的行政支持，而且尚有一定的群众基础。也就是说，它同时具备法律、政治、行政和社会合法性。因而，如果能够恢复其固有性质和功能，居委会将是提供参与网络和促进社区政治发展的重要组织依托。所以，要加强基层民主建设，必须恢复居委会的自治性，使居委会回归本来面目。为此，要调整居委会和其他社区组织之间的关系，实现关系重构，推动社区发展。具体而言，包括以下几个方面：

（1）调整街道和居委会关系，恢复居委会地位。要加大创新力度，理顺基层政府与居委会的关系。基层政府对居委会只进行宏观上的指导，尽量减少摊派行政性事务，使居委会的工作更多地来自于社区居民群众的实际需要，以增强居民对居委会的认同感。另一方面，居委会也必须协助政府做一些力所能及的并与居民相关的工作。

（2）调整党支部和居委会关系。目前的党、居不分状况严重阻碍了社区自治的发展。因此，要推进基层民主建设，还必须重构社区党组织和居委会以及新兴的业委会之间的关系。可考虑在几个居委会和业委会之上设立社区党组织。这样既可避免直接干涉居委会、业委会事务，又有利于对其进行监督，并可协调更大范围内的居委会、业委会相互之间的工作和关系。

（3）调整业主委员会和居委会关系。居委会和业委会的职责、权利不同，享有物业管理自治权的业委会并不能代替享有社区事务管理权的居委会，二者可以并行不悖。作为基层社区中两个主要的群众自治组织，应该明确各自责任，同时还要相互配合，这样才能有利于双方的发展，共同加强对小区的管理。二者之间关系的具体处理方式，可以由街道办事处牵头，建立包括居委会、业委会、物业管理公司以及其他社区组织的社区管理委员会进

行协调。

总之，实现组织关系重构以恢复居委会的自治性，解除对居委会和业主委员会良性发展的不必要的制约，可以为社区居民提供更多的参与和交往空间，有利于培育社区意识和发展“市民社区”，并将最终推动社区政治、经济等诸方面快速、协调发展，加速现代化建设进程。

2. 培育非政府组织（NGO）的发展

除了改革和发展已有的基层管理组织以外，还应该大力培育和发展非政府组织（NGO）。

非政府组织作为重要的社会组织形式，在现代经济社会中发挥着越来越重要的作用，它是政府与社会互动的桥梁，能够促进就业、促进社会变革，还可以提供公民服务等。

应该看到，目前在我国真正意义上的非政府组织是非常弱的，大量的是政府办的“非政府组织”和以追求利润为目标的“非营利组织”，真正的民间组织受到了严格的控制[1]。对比旧住宅区目前的管理和组织机构现状，在街道和旧住宅区领域，与计划经济时代产生并发展的居委会等管理和组织机构相比，因为社会分化和转型而产生的旧住宅区层面的非政府组织（NGO）发展还处于比较初级的阶段，主要以群众自发组织的社团为主，存在法律制度安排缺位的问题，其发展的制度环境、经济基础受到很大的限制。但不管从发达国家的经验、社会转型的需要和旧住宅区居民的需求来讲，对非政府组织的进一步发展是必要和必须的。

在当前社会变迁过程中，以及在今后形成的良性的“国家”与“社会”的关系当中，非政府组织（NGO）是不可或缺的。它的健全与发展是“自上而下”的国家权力有效的行使和“自下而上”的居民意愿有效表达的必然要求。

在长远来看，应该强化居住小区所属社区的职能和服务内容，使得居民利益社区化，使居民的需求能够更大程度上在社区内满足，使居民的利益与社区的发展紧密地结合起来。

5.1.4 完善弱势群体的利益表达机制

5.1.4.1 必要性

实现权利的高水平均衡，创造一个公平的社会，是人类自古就有的理想。利益结构的相对均衡、利益表达渠道的畅通是维持社会系统间平衡的重要条件。一言蔽之，当前社会转型过程中形成的强势群体的政策导向极其容易导致社会结构的断裂，结果只会是弱势群体越来越处于社会的底层。此

---

1 转引自：2004 年 4 月 17 日，中国（海南）改革发展研究院在北京以“转型时期非政府组织的发展”为主题召开专题座谈会。

时，如果他们的声音不能被反映，他们的问题不被政府重视，那么隐藏的社会危机就容易爆发。因此，积极完善现有的利益表达机制，让弱势群体平等地享有表达自己利益的权利，从而消除非制度化的权利失衡，不啻为当务之急。

5.1.4.2 对策

通过调查分析和第四章的论述，我们不难发现，面对当前中下阶层及弱势群体利益表达的不畅问题，现有的社会制度和结构在非制度性的权利失衡的冲击下，很难容纳社会中下层的利益表达。为此，我们需要为这种利益表达设立相应的制度安排。

现有的利益表达机制还存在诸多缺陷，需要不断地完善和改进。

首先，一般的群众上访、信访等方式，有关部门需要建立及时的反馈机制，不能像以往以“问题众多”、“过于复杂”为由而推卸责任。对这部分群众有效的反馈是对民众参政热情的激励和参政行为的肯定。

其次，合法性的利益冲突和表达必须受到保护。在法律允许的范围内，在不影响社会稳定的基础上，保障弱势群体的这类利益表达方式。尽可能地通过对话和谈判的方式寻求解决问题的办法，而不是消极对待或盲从地压制。这只会积聚新的社会不满，制造更多更加严重的社会不稳定隐患。

再者，应该重视基层特别是街道和社区层面人大代表功能和作用的发挥。

纵观整个研究过程，我们深刻地认识到，城市中下阶层、弱势群体“权利贫困”问题的解决将有利于推动我国社会主义法治建设，为社会公平和正义的实现提供法理基石。同时，我们也深深盼望，社会弱势群体，当遇到生活、工作问题时，能够通过合理有效的渠道，表达自身的利益诉求；政府及相关立法部门能够建立一套利益表达机制，保证这个群体利益表达渠道的畅通无阻，维护他们的合法权利，实现不同社会群体的权利均衡和利益协调。

5.2 对旧住宅区规划体系的进一步完善

5.2.1 开展旧住宅区的普查工作

包括：

1. 进行全面的、系统的旧住宅区调查工作

旧住宅区中的不足有两种产生原因。一种产生于住区的形成阶段，因规划、建设和管理上的缺陷而造成住区“先天不足”。规划上缺乏整体的统筹安排，管理上缺乏综合协调机制，导致住区内功能无法完善，设施配套不足，整体居住环境质量较差。对这些住区进行完善、整合，是为居住者改善居住环境的迫切要求。另一种产生于住区的发展阶段，即相对静止的物质环境不能适应居民不断变化的居住需求。旧住宅区在其发展演变过程中逐步体

现出越来越大的差异性，这就要求在更新改造之初开展旧住宅区的普查工作。通过深入了解住区、住宅楼或住区周边的环境，并通过查阅有关图纸等资料，对全市的旧住区形成一个全面的认识，并通过撰写现状的研究报告，从专业角度对现状的物质环境进行系统的梳理和评价。

2. 进行旧住房的性能评价研究

从需求理论的解释和调查的情况来看，“旧住房”仍然是更新改造当中的“焦点问题”。因此，通过调查，应该展开系统的旧房住宅性能评价研究。旧住宅性能综合评价也不同于新建商品住宅的性能评价。新建商品住宅的性能评价是对新建商品住宅在上市前进行的认定，其目的是规范住宅消费市场，降低人们购买商品住宅的盲目性，督促开发商提高商品住宅质量。旧住宅性能的综合评价是针对旧区改造范围内旧居住区中的住宅进行评价，这些住宅多建于改革开放时期以前，大部分存在着一定的功能缺陷。对这些住宅进行评价的作用有三点：一是可以为住宅本身的拆除、保留、改造决策提供依据；二是可以确定住宅改造的紧迫程度，在旧房改造资金有限的情况下，可以优先改造综合性能相对较差的住宅；三是为旧区改造和旧城改造提供依据。因此，建立旧区住宅性能的综合评价体系是非常必要的。

事实上，已经有学者开始关注这个领域的研究（如施赛、凌传荣，2001），但从当前的综合改造情况来看，对旧住房的改造还处于一个初级阶段，着重于房屋的整修。这就要求通过对旧住房的深入研究、系统评价，为改造提供依据。

3. 进行全面的居民意愿调查

居住生活的多样性预示着居民对居住环境的多样性要求，从调查的情况来看也证明了这一点。因此，作为居住生活的主体，在更新改造当中居民的意愿应该是第一位的，开展系统的旧住宅区居民意愿调查不仅仅是程序上的需要，从社区发展的要求来看，也是必须的。

笔者认为，通过多种形式，诸如向居民发放调查问卷或者直接入户调查等，聆听住户对老住宅的使用意见以及对改善居住环境的具体要求。对现住房建筑面积情况、仍打算在原住区居住的住房要求（新建、改造或保留）、对新住房（新建或改造）的面积（或居室数）要求等各个方面内容进行汇总。将有效问卷的住房要求及其比例等推广至全部住户，可基本掌握该住区居民对新住房的意愿和要求，并作为重新规划居住区、改造旧住栋、建新住宅楼的基础和依据。

同时，应该让居民参与居住生活实态调查。居住生活实态是一定时期、一个地区内居民在居住空间环境中生活行为方式以及对居住环境意愿和要求的反映。居住实态调查是综合采取实地访问、记录、观察、实测、摄影、录相以及问卷调查等一系列措施，对大量而又典型、具有代表性的居住空间环境及其居民的生活行为方式和潜在需求进行调查、分析研究。其调查结果是住宅建设有关政策、法规、技术标准和规范制定或修订的重要依据，也是开发商开发建设项目论证和策划的主要依据，更是建筑师创作设计和建筑理论研究的宝贵素材。高质量、高水平的居住实态调查，除了靠政府有关职能权威机构、科研部门、开发企业和建筑师等主导者的精心组织、科学计划外，更有赖于居民的积极参与合作，包括居民主动参与调查活动，认真详细地回答调查中提出的各种问题，并积极发表自己的见解和建议，反映存在的问题和需求等。居民积极参与实态调查虽不一定能为改善自己的居住环境产生直接的效果，但对居住环境的整体改善和创新具有潜在的巨大作用。从这一意义上讲，居民理解、支持并积极参与居住生活实态调查活动也是居住环境建设过程中“居民参与”的一个重要内容。

虽然这是一个庞大的系统工程，但从民主化的进程以及改造要求的角度，是必须的也是特别有意义的。

5.2.2 制定多样性的标准

1. 多样性的原则

住区是成千上万的人的生活聚居地。这些人的家庭状况、兴趣、能力、财富、品味等方面千差万别，且他们在不同的住区中生活，必然会出现不同的问题，产生多样化的需求。正是这些不同，形成了色彩丰富的、富有活力的城市生活。旧住宅区的更新完善应充分尊重这种不同，针对不同的情况，具体问题，具体对待，即具有多样性，从而使每个人都能不受妨碍地使用其居住环境。

基于上述理解，每一个住区更新完善的内容、更新措施、实施方式、运行机制都应该不尽相同。如有的住区着重于住宅的充实完善，有的住区着重于设施的调整补充，有的住区则着重于组织管理体制和管理方式的改革等。由于旧住宅区的更新完善面对的是已建成的环境和确定的居住群体，使这种针对性和多样性成为可能。这要求规划师对建成环境的现状条件、存在问题、居民的状况和需求意愿做深入细致的考虑，并以此作为规划依据，有的放矢。形成个性化的改造措施。

2. 多样性的改造标准

旧住宅区的更新改造过程中如何看待居住标准是一个十分关键的问题，在这个问题上存在两种看法。一种看法出于城市住宅建设标准在不断提高的现实，以及改善城市环境和居住条件的主观愿望对更新完善产生较高的希望。在很多人心目中，更新完善意味着彻底改变低标准的居住条件，以花园般的居住环境和几十年不落后的标准代之，否则更新后不到几年又将再次面临更新任务。与此截然不同的观点则从城市低收入者的角度出发，认为更新标准应以低收入者的经济支付能力为依据，更新完善应着眼于贫困者居住生活的改善，应坚持较低的标准。

对这两者的判别并非容易，因为这是一个涉及近期利益与长远利益的矛盾的问题，也是一个价值观的问题。英国学者 P. Hall 曾经说过，“在许多规划问题中，一个特别尖锐的问题是如何权衡非同代人的利益。对此，最好的方案可能适得其反。例如，公共住房的建设应该反映第一代住户的标准和希望，还是第二代或第三代？如果仅按照当前的最低标准，就会产生下一、二代人看来是低于标准的问题；而且到那时不可能重新设计，除非不计代价。但是，预先满足下一、二代的标准，就没有足够的资金来满足当前的住宅需要……这样，社会就面临一种选择，是满足住房条件恶劣者、低收入者的需求，还是满足今后许多代居民的需求？”[1]

可见这个问题难以找到简单的答案，需要进行多方利益的权衡。依照“根据居住者的需求为其改善居住环境”这一基本目标，论文在此做如下考虑：

首先，更新改造不同于新建，对建成环境做出的增减、改动都必需在充分考虑现状条件的情况下进行。由于现状条件千差万别，制订统一的、额定的标准是行不通的，问卷调查显示的情况也证实了这一点；其次，旧住宅区作为活生生的生活场所，容纳了居民千姿百态的生活。每个居民对居住标准都有自己的看法和需求，统一标准无疑抹杀了生活的多样性；第三，现实社会始终是一个矛盾的社会，城市中始终存在高、中、低收入的家庭，必然存在基于高、中、低支付能力的居住需求。在住房商品化的条件下，只能根据居民的经济支付水平提供相应层次的居住条件。关键问题是要在不同的时间、不同的住区中，根据不同的居住对象，建立不同的更新完善标准，并确定高、中、低标准的合理比例。当然，关于标准的定量问题值得进一步的探讨。

“为所有人提供适当的住房”是“中国二十一世纪议程”中人类住区可持续发展的一项内容，其中明确提出“要根据居民不同收入水平，制定不同的住房政策……解决不同收入水平家庭的住房问题”。旧住宅区的更新改造标准应从“为所有人提供适当的住房”，“增加可支付住宅（Affordable Housing）的供应”的原则出发，制定多样化的、多层次的更新标准，使高、中、低收入家庭都有选择适应其需求的居住环境的可能性。

总之，旧住宅区的更新改造不是新建的一种变异，因此，有关规模、面积的标准并非绝对的，不可变更的。大可不必以绝对的数量标准来衡量某个住区的环境质量的优劣，而应当从整体效益（包括社会、经济、环境各个方

---

1 转引自：吴良镛．北京旧城居住区的整治途径（之三）．清华大学建筑系教师作品集．北京：中国建筑工业出版社，1996.

面）出发，进行合理的权衡。

5.2.3 制定新的旧住宅区更新改造规范

国内部分城市已经在着手制定旧住宅区更新改造的规范，笔者在2003年曾经参与上海市住宅发展局组织的《上海市旧住宅区综合改造规划技术导则（纲要）》（以下简称《导则》）的制定。与现行的针对新建居住小区的规范相比，《导则》体现出的总的趋势是更加的细致，应该说，在这方面迈出了可喜的一步。但从《导则》中显示的内容来看，还有许多问题亟待解决，如：

（1）指标的问题。如住宅间距系数。当前存在着许多争论，有专业领域的质疑，也有来自居民的意见。那么这个问题是不是可以讨论？还是可以降低标准？那么降低标准到多少合适？这些问题值得进一步探讨。

（2）违章建筑的问题。如何看待违章建筑？对违章建筑是拆除，还是在改造过程中将所谓的违章建筑有效地整合进去？毕竟对旧住宅区空间的挖掘是改善居住生活的重要手段，应该着重研究和探讨旧住宅区当中如何对待和处理这些违章建筑的问题。

应该说，许多关系居民利益的细节应该着重讨论，使其真正成为有利于旧住宅区居民改善居住条件的一项公共政策。

5.2.4 制定系统的全市范围的旧住宅区更新改造规划

应该看到，当前上海市的旧住宅区改造，已经开始走向体系化[1]，但还有待进一步细化。而从趋势来看，综合改造是必然的一条途径。

在旧住宅区更新改造过程中需要进一步完善的内容包括：

（1）全市范围的更新改造的总体规划，涉及每个小区在内的改造方向以及改造方式。

（2）社区层面的设施规划，如何将便民的服务设施在社区空间层面上落实。

另一方面，行政性规划主动考虑建构完善社区的一系列要求，以弥补社区规划的欠缺。社区建设的道路非一日之功，再加上我国的社区本身还处于变化重构阶段，因而自下而上的社区规划由于缺乏相应的组织基础短时期内难以全面成熟的开展。因此一段时期内旧住宅区的改造还是要立足于自上而下的行政性规划，主要是上一层次的控制性规划，但是行政性规划需要主动考虑建构完善社区的一系列要求以弥补社区规划的欠缺，如对于人口的发展规划、就业机会的提供、生活辅助设施的提供、文娱设施的提供等，在空间构成上要考虑如何兴建有活力的社区，因此控制性规划还应以相应的城市设

---

1 包括：旧住房成套率改造、综合改造以及“平改坡”综合改造等。参见：王文忠，毛佳粱等著．上海21世纪初的住宅建设发展战略．上海：学林出版社，2000.

计导则为补充。

这些只是笔者的一些初步考虑，总的出发点就是着眼于体系去考虑和解决问题。

5.3 对改造内容的进一步研究

5.3.1 加强对旧住房改造的研究和应用

5.3.1.1 原则

在当前技术力量有限的情况下，开展大规模的细致的设计工作还不够成熟，或者说需要一个过程。笔者认为，充分的拓展思路，提供尽可能多的解决问题的思路，为居民提供多样性的选择，是体现居民意愿的必然要求。因此在改造当中应该坚持多样性的原则。

5.3.1.2 推动房屋整修向房屋改造转变

应该看到，现有的改造还仅仅局限在“整修”的层面，从居民的意愿、期望以及现实的要求来看，迫切要求从“整修”向“改造”转变。旧建筑的改造不仅仅是投资，也是社会责任，同时应该看到改建中蕴藏大量的潜力有待发掘。

事实上现有的研究已经对住房的改造进行了系统的综合，如张骏华（2001），慕春暖（2002），严惠霖（2002）等，相关的研究已经较为成熟，下一步综合改造的任务就是从研究走向应用，形成一个改造设计的体系。

5.3.1.3 拓展旧住宅改造的思路

从专业角度入手，拓展新的思路，提供更加多样化的改造手段和思路，为更好地实现居民的需求、满足居民的意愿做好技术上的准备。在旧住宅的改造当中，可以借鉴日本公团改造当中的一些做法[1]，再与中国的实际情况相结合，因地制宜。

笔者认为，旧住宅的改造应该做到以下几方面：

---

1 日本的公有住宅大体由公营、公团、公社三部分组成。公营住宅是指由各都道府县政府或地方公共团体投资、建设、管理，主要是为低收入家庭提供的低租金集合住宅，每年定期在社会上公开招募、抽选，并对住宅特困户、低收入老年人家庭、母子单亲家庭及残疾人家庭实行优先人居的政策。申请者的年收入需在规定的数额以内，人居者每年需向住宅管理部门提供税收（收入）证明。每月的房租根据收入的多少划分为不同的档次，低于一定数额还可以在标准房租基础上实行减免。若人居者的收入超过规定的上限则会被取消居住资格。公团和公社住宅都是面向广大中产阶层劳动者的住宅，依消费方式和住宅种类的不同，分别有销售住宅和租赁住宅、集合住宅和独户住宅等多种形式，也是定期进行社会招募、公开抽选。其区别在于，住宅供给公社（以下简称公社）是依据 1965 年制订的《地方住宅供给公社法》而设立的地方住宅供给机构，主要面向各都道府县的地方城市；而都市基盘整备公团是 1999 年由原住宅・都市整备公团改组设立，其业务范围主要集中于各大都市，除了销售和租赁住宅的建设管理、宅基地的开发等业务之外，还进行与住宅相关的技术开发研究及城市的开发建设。

1. 坚持从实用角度出发的基本点

坚持从实用角度出发，以改善居民生活水平为基础，着眼于日常的生活使用。

2. 拓展空间利用的思路

(1) 住宅加层、增设电梯与社区增加配套设施相结合

建议进一步拓展住宅改造的空间，可采用将部分五层、六层住宅加至七层并增设电梯的做法，同时能够解决小区改造资金缺乏及配套设施不足的问题。底层居民全部迁出搬至七层或异地安置，底层可用作汽车库、自行车库及公用配套设施，收取的停车费和房租用来收回投资，同时，也解决了小区内公用配套设施用房不足的问题。腾出的底层房屋成为社区居民锻炼身体、文化娱乐，创建精神文明的场所，同时也可为社区居民提供医疗、家政等多项服务内容。社区活动场所相对集中后，还可拆除一些分散在各处的零星活动用房，对小区环境整治十分有利。在这方面，闸北区陆丰小区已经做出了有益的尝试，应该进行推广。

建筑的课题越来越贴近当前的社会形势与需求，诸如住宅的老朽化之类建筑问题的解决，不应只停留于建筑的硬件本身，应从考虑社会的高龄化、信息化和生活方式的多样化等诸多需求，来探讨综合的解决对策；通过建筑问题的改善，使相应的社会问题也能得到妥善的解决或缓解。另外，议题越来越向多样化、细致化、深入化发展。如住宅的改造问题由单体的改良、改修和单纯的重建，过渡到住区、供给的改善及多种改造手法的探讨研究。

同时，应便于越来越多的高龄者及残疾人的使用，也考虑为一般健康人提供更加舒适的居住条件，楼梯间式多层住宅中增设电梯的话题以及无障碍设计（Barrier Free）、通用设计（Universal Design）等概念，应该得到重视。图 5-1 和图 5-2 是 2000 年日本高岛平公团第二职员宿舍进行的在楼梯间

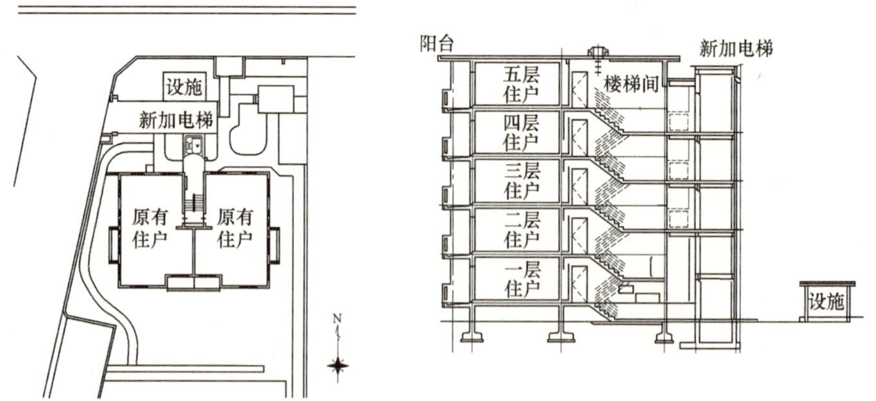

图 5－1　高岛公团平第二职员宿舍平面图、剖面图

（转引自：团地再生研究会. 团地再生的建议.（株）フル毛出版，2002.）

的休息平台增设电梯的尝试。由于电梯的增设部分不影响建筑主体结构，故具有易于施工、造价低等优点。

图 5-2　日本高岛平公团第二职员宿舍电梯增设前后

（转引自：团地再生研究会. 团地再生的建议.（株）フル毛出版，2002.）

东京都营江户川中央团地是另一处增设实验（图 5-3）。与高岛平公团不同的是，该团地的住宅为单面外廊式，因而实现了完全无障碍设计；同时，还增设了轮椅用坡道。

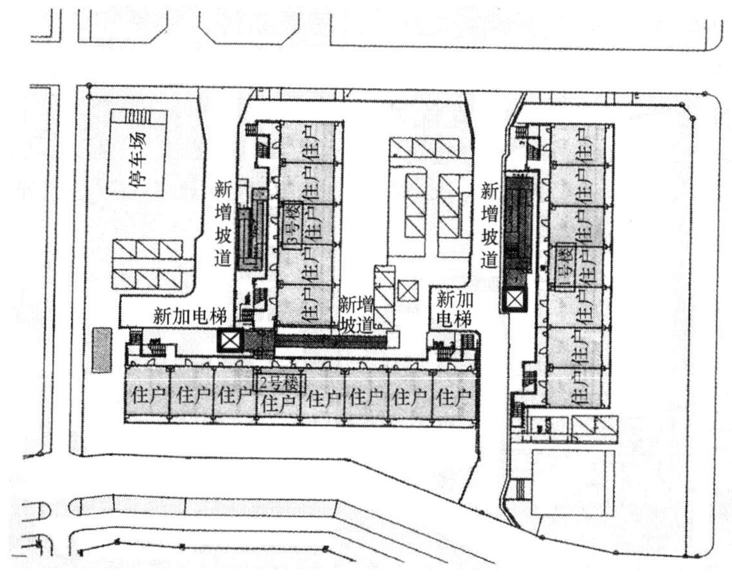

图 5-3　东京都营江户川中央团地总平面图

（转引自：团地再生研究会. 团地再生的建议.（株）フル毛出版，2002.）

不过关于对多层住宅中的电梯增设问题依然存在争议，因为涉及对“完全无障碍设计”这一概念的理解，并关系到对住宅供给整体的再生利用的看法，有关学者和建筑界人士各持己见。而且关于具体的增设方案，至今尚未找到妥善的解决办法。尽管如此，上述的事例不啻为一种有益的尝试。

(2) 住宅改造与老年公寓设计相结合

从社会发展的前景来看，由“家庭养老为主——社会养老与家庭养老并存——社会养老为主”是必然趋势，这是世界许多国家长期实践所证明的结果。目前，我国正处于由家庭养老为主向家庭养老与社会养老并存的转变阶段（王江萍，2002)。也就是说，在我国社会养老设施不健全，社会和家庭经济能力有限的情况下，绝大部分老人仍将依存于家庭养老环境。因此，我国的养老模式在倡导家庭养老的同时，应大力加强和完善社区养老服务，特别是在改造中充分考虑老龄社会住房和福利设施的基本建设。

对于旧住宅区来讲，老年人的居住形式主要有两种：

一种是老人与子女共同居住的形式。目前，很多中国家庭的传统观念为不重个人重人伦、重天伦之乐，与欧美社会崇尚个人独立自主的精神有所差异。同时，很多人认为老人到养老院等社会养老机构是家庭失败的现象，而现代的生活方式又易导致隔代的家庭矛盾。在调查的旧住宅区当中，一方面平均年龄高、老年人所占比例高，一方面老年人与子女共同居住的形式要高于其他形式的小区。还有一种情况，就是随着人口结构的变化及经济的发展，城市中核心家庭逐渐普及，而传统家庭渐渐消失，居住格局将发生显著变化。一方面子女要求与老人分居，而另一方面老人又多希望分而不离。于是，出现了多室户向少室户发展的趋势，两代各居一户，距离又不远，即隔邻而居或同一社区的居住方式，这种现象在本次调查的旧住宅区当中也比较普遍。这样老人和子女之间“住得近、分得开、叫得应、常往来”，两代人生活既可以完全独立，但又可以互相照顾，随时可进行感情交流，是较理想的一种居住方式。

另一种是老年人单独居住的形式。社会的发展不断地冲击着人们的各种观念，许多老人已经接受了与配偶或独自居住的家庭养老居住方式。而且此种类型的居住方式有逐年递增的趋势，如条件允许势必会有越来越多的老人独立居住，这也是社会进步的表现。

因此，在今后的改造当中应该把照顾老年人的因素充分贯彻到改造活动当中。

同时应该看到，因生理上、心理上的因素，许多老人难以完全独立居住，多数情况下都会有这样或那样的具体困难需要帮助，但并不需要密集式的照顾。因此，对那些较孤单、身体较弱的有实际困难的老人，应给他们提供生活上支援性的服务。社区支援性服务主要表现在经济援助和在宅服务两个方面：

① 经济援助：据调查，多数老人靠微薄的工资和储蓄生活，随着生活水平的不断提高，日常生活已是入不敷出。再加上昂贵的医药费，常常造成

老人生活贫困。因此，福利政策应配合年金制度，保险制度等，使老人在经济上自立。

② 在宅服务：发挥社区作用，对独立居住于社区中，或与家人同住而家人无法照顾的老人，提供物质与精神上的照顾，支持老年人尽可能长的留在原来居住的地方。

(3) 立面整治与房屋改造相结合

目前旧住宅的立面普遍较乱，不够美观。因此对旧小区进行环境整治，首先要进行房屋立面整治。而立面整治的关键在于取得居民支持以及解决整治经费问题。立面整治应与房屋改造相结合，使居民从中得到一些实惠，才能使工程顺利进行。如取消屋顶水箱改为小区变频压力泵供水，将原白铁上水管改为铝塑复合管，以净化水质，有条件的地方可采用分质供水；阳台采取统一封窗；外门窗全部更换塑钢窗；集中安装空调架及滴水管；进楼门安装防盗门与楼宇对讲机等（张骏华，2001)。

(4) 屋面改造与屋顶空间利用相结合

近几年来上海进行的大面积的屋顶“平改坡”工程取得了良好效果，在解决旧工房屋面防水隔热问题的同时又改善了城市景观。但对住宅的屋顶空间的充分利用还需进一步研究，因此，需要通过对顶层空间的研究来探讨进一步充分利用屋顶空间的途径。

当然，关于坡屋顶的改造本身也存在争论，诸如实用性的问题、建筑风格的问题。而从城市发展的角度来看，“平改坡”形式的形成是政策干预建筑形态和城市规划的结果。因此，从更广泛意义上，关于屋顶空间的利用问题应该拓展研究的视野。也许什么时候旧小区的综合改造不再冠以“平改坡”的称号，就标志着综合改造走向成熟。

(5) 局部拆建与全面改造相结合

旧小区还是存在许多潜力。由于住宅以多层为主，小区容积率低，又基本上处于较好地段，地区附加值高。若通过重新规划布局，采取小区内部分房屋拔点改建，居民原地回搬，其余房屋全面改造的方法，运用市场经济手段筹措改造资金，完全可以使旧小区改造可以顺利进行。

具体思路如下：将旧小区按照规划要求调整布局，拔掉部分多层改建高层。然后将原多层的居民原地回搬高层，余下的得益面积部分上市出售，房款用作建设资金。部分面积可用作小区内列入第二轮改造计划的多层居民的动迁用房。第二轮改造的房屋腾空后，可采取较彻底的平面改造与立面整治，规划条件允许下，还可以加层、拓宽甚至增加电梯。由于采取不拆落地改造，施工周期短，费用省，见效快。然后通过不断的滚动改造，可逐步让街坊内的旧工房全部面貌一新，并在小区内增设中心绿地与配套设施，完全可以让旧工房街坊升级换代，与新建住宅区媲美。

(6) 住宅平面调整与提高房屋使用功能相结合

旧工房大部分单元不设厅，小部分单元仅设使用面积基本上不超过 $10m^2$ 的小厅，厅内门洞集中，除去走道所剩空间只够放下一张餐桌，厨房间狭小空间容不下两人同时操作，卫生间小浴缸洗澡伸不直腿，给居住者的生活带来诸多不便，这也是新老住宅在使用上的明显差异之处。因此，在旧工房改造时应尽可能创造条件扩大房屋使用面积，合理调整平面布局，如将房屋的五层适当向北拓宽，六层平改坡后增加屋顶空间，然后利用所增加的面积扩大厨房卫生间面积，增设客厅。日本的做法是针对大批小面积住宅，在尽可能不影响原有住宅采光、通风的原则下在一侧进行增建（图 5-4），不仅增加了使用面积，也使套型得到改善，增大了厨房面积，增设了浴室和阳台。

此外，如能在改造时通过置换收购部分单元，再将空置的相邻单元并套，通过加固改造调整平面布局，使更新改造后的房型适应当代人们的生活需求，使用功能更趋合理，定将获得人们的青睐。日本的做法是将相邻的两套住户合并成一户（图 5-5）。

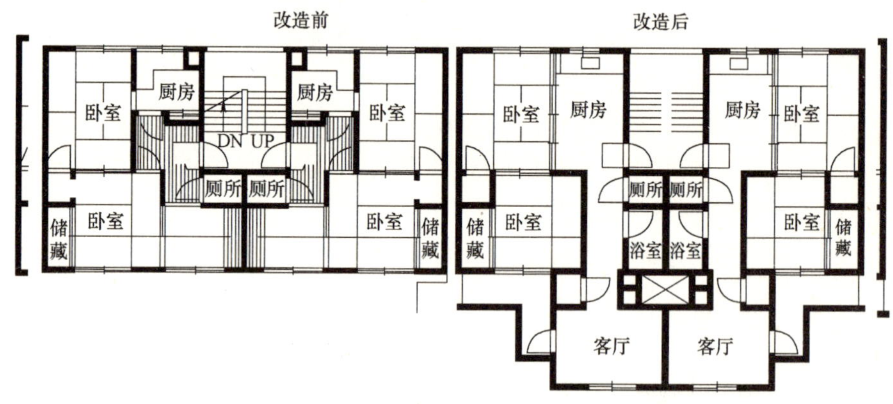

图 5-4　住宅的增筑

（转引自：团地再生研究会．团地再生的建议．（株）フル毛出版，2002.）

(7) 形成住宅改造体系

旧住宅改造的设计目标之一应该包括建立住宅改造设计的体系化。在这方面可以借鉴日本的经验，“住宅供给的更新改善”正成为当今日本建筑界的热门话题，不仅建筑学专业的专家学者，许多社会学方面的研究者也参与进来。在此仅对日本的团地再生研究会、建筑用途转换方面的研究和都市基盘整备公团综合研究所技术中心的 KSI 住宅作简单介绍。

日本关于建筑用途转换方面的研究者，以东京大学副教授松村秀一为主要代表，他也是团地再生的积极倡导者。所谓的“用途转换（Conversion）”

图5-5 住户的2户1化

（转引自：团地再生研究会．团地再生的建议．（株）フル毛出版，2002.）

是指将城市中闲置或存在空室的建筑加以改造，改变其原来的使用目的，使之得到重新利用。常见的实例大多是办公建筑或仓库等转换为住宅。松村秀一总结出用途转换的 11 种手法，并将其嫁接到团地再生事业中，提出在"忍受现状"与"住宅的重建"之间还有很多选择的可能（图 5-6）。建筑用途转换事业的流程则包括：市场调查、对象建筑诊断、商品企划、用途转换技术手法的设定、改造部分的设计与去除范围的设定、工事费估算、事业收支计算、事业实施判断以及事业实施[1]。

公团综合研究所的技术中心正式成立于 2000 年，其前身是 1963 年设立的量产试验场，主要担负公团住宅的研究开发。该中心集展示、体验和开发研究于一体，下设构造研究室、材料施工研究室、住环境性能研究室和 16 座展览、实验场所，其中"集合住宅历史馆"、"地震防灾馆"、"住居性能

1 转引自：日本建筑学会建筑计划委员会．今后的都市与用途转换——在日本展开的可能性．日本建筑学会大会资料，2003.

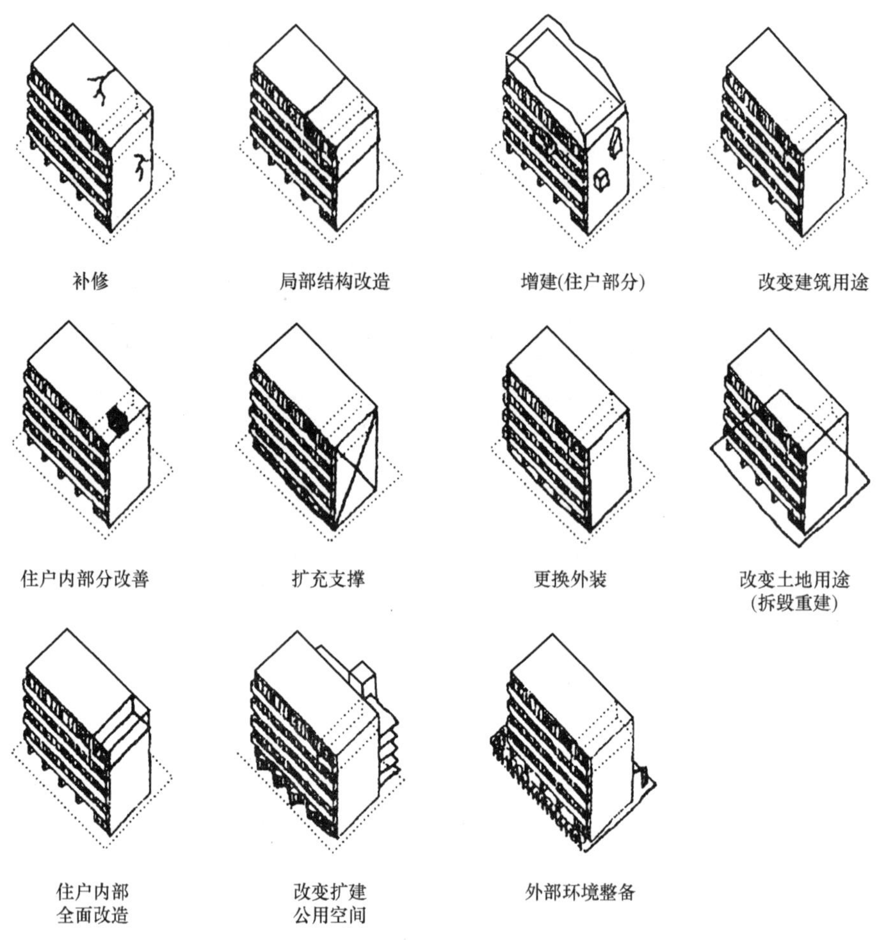

图 5-6　日本旧住宅改造中用途转换的 11 种手法

（转引自：团地再生研究会. 团地再生的建议.（株）フル毛出版，2002.）

馆”等 6 座设施可对外开放。技术中心的研究课题大多结合时代的最新要求，如环境共生、屋顶绿化、长寿社会对应的无障碍设计等。KSI 住宅的开发研究就是其中的代表。

20 世纪 60 年代初，荷兰建筑师 N. J. 哈布瑞肯提出了 OPEN BUILDING 的概念。OPEN BUILDING 既有“开放型建筑”的含义，也指居民参加型的住宅构成手法。该理论旨在提倡住居的个性化、住宅的长寿命化以及住宅适应长时间内家庭人口规模的变化；将住空间划分为街区、构造躯体和内装设备，分别在不同的层面为多种多样的建筑设计提供可能性。KSI 住宅的原理即源于此。如图 5-7 所示，S 是指 Skeleton（住宅的构造）；I 指 Infill（内装设备）。该设计原理于 20 世纪 80 年代以“二阶段供给方式”概念引入日本[1]，但由于技术方面的原因一直未能进入实施阶段。

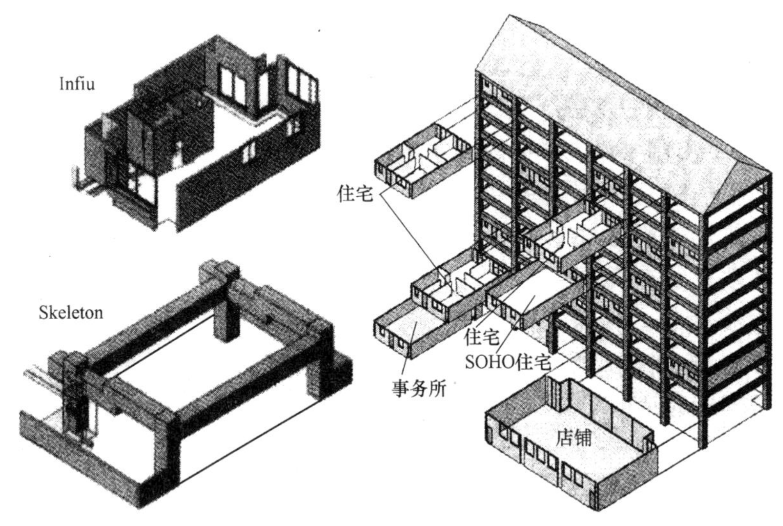

图 5－7 KSI 住宅示意

（转引自：团地再生研究会．团地再生的建议．（株）フルモ出版，2002）

技术中心的 KSI 住宅研究的技术目标是：构造躯体达到 100 年的耐久性；减小套型平面设计约束性的大型无梁楼板；采用天花板电气配线和住户套型外排水共用立管，以提高改修改装的自由度等。经过对不同实验住户的反复实践摸索，目前已系统地总结出 Skeleton 和 Infill 的关键技术，马上就要在东京和名古屋的 4 处公团住宅团地建造样板住宅。

5.3.1.4 加强旧宅住区空间利用研究

与旧住宅的改造相似，在旧住区空间利用上面也应该拓宽思路，充分的利用住区的空间。笔者认为在旧住宅区空间改造方面，应该充分考虑社会生活环境的连续性和多样化，从方便居民社会生活角度入手去解决问题，应该看到改建中蕴藏大量的潜力有待发掘。同时，旧住宅区的改造不仅仅是投资，也是一种社会责任。

5.3.2 推动旧住宅改造的产业化

从成熟的旧住宅区更新改造活动来看，旧住宅（区）的更新改造必须要走向产业化。

旧住宅（区）更新改造产业化一般包括四个方面：①承担居住空间改造的建筑业、改造业、内外装修装饰工程业；②提供所需的材料设备的住宅建材业、住宅设备制造业、内装修装饰材料业；③承担旧住宅及其建材、设备等的流通产业以及与居住生活密切相关的服务业；④为支撑居民自己改善居

1 转引自：住环境设计编集委员会．住环境设计 2——住宅的设计．彰国社译．1987.

住条件的产业。而“产业化”的概念在英语里是与工业化相同的，即 Industrialization，或者说工业化等同于狭义的产业化，产业化的概念以联合国经济委员会的定义最为著名，即产业化包括：①生产连续性（Continuity）；②生产物的标准化（Standardization）；③生产过程各阶段的集成化（Integration）；④工程高度组织化（Organization）；⑤尽可能用机械代替人的手工劳动（Mechanization）；⑥生产与组织一体化的研究与开发（Research & Development）。更新改造是住宅产业化的重要有机组成。城市旧住宅（区）更新改造产业化的主要任务是形成一定规模的市场容量，对相关行业产生促进作用，实现资金的良性循环，重视理论研究和实践引导[1]。

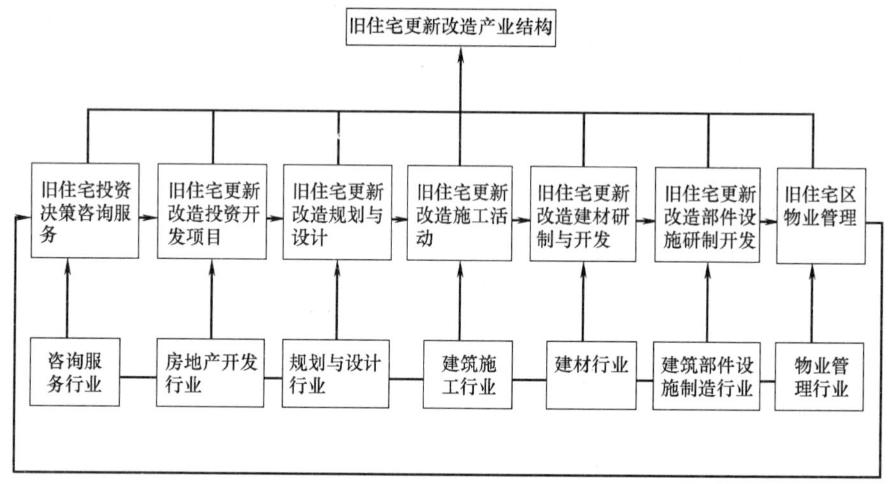

图 5-8　旧住宅更新改造产业化要素构成

（转引自：王晓鸣．旧住宅（区）小康型更新改造与产业化．城市开发，1997（7）.）

1．旧住宅（区）更新改造产业化体系[2]

旧住宅更新改造产业化首先要树立一种科学的思考方法，把过去相互分离割裂的规划、设计、建材及部件设施研发和生产制造、旧住宅（区）更新改造施工、销售和售后的物业管理等程序看成一个统一的整体，即把旧住宅更新改造整体看成一种工业产品，并对其各环节进行综合配套研究，从而建立旧住宅（区）更新改造全过程的完整体系。旧住宅（区）更新改造产业化体系是一项极其繁杂、极其综合的系统工程，产业化是对旧住宅（区）更新改造核心元素的高度概括，需要科学地、严密地，特别是综合地解决旧住宅（区）更新改造全过程的一系列问题。

1　转引自：李忠富，关柯．中国住宅产业化发展的步骤、途径与策略．哈尔滨建筑大学学报，2000，33（1）．

2　Highfield，D.. Rehabilititión and Reuse of Old Building. E and F. N. Spon. UK. 1987.

2. 旧住宅（区）更新改造产业化要素构成

根据上面的分析可以知道旧住宅（区）更新改造由旧住宅投资决策咨询服务，旧住宅更新改造投资开发项目、旧住宅（区）更新改造规划与设计、旧住宅（区）更新改造施工、更新改造建材的研制与开发、部件及设施的研发和旧住宅（区）物业管理 7 种活动共同完成，而这 7 种活动对应着咨询服务，房地产开发，规划与设计，建筑施工，建材、建筑部件及设备制造和物业管理 7 个行业，从而形成了旧住宅（区）更新改造产业结构的 7 个要素（图 5-8），并且这 7 个行业之间存在这一种循环互动的关系，带动着旧住宅（区）可持续发展[1]。

5.4 对改造方式的进一步优化

5.4.1 强化宣传

应该扩大宣传力度，让居民真正了解改造对居住生活带来的变化。良好的沟通会带来更全面的理解和领会。在更新改造当中确保居民对改造相关内容的充分了解，让居民能够比较全面的了解综合改造的内容、程序、运作机制、预算和资金筹措等内容，同时还会向居民宣传有关政府扶持、市场运作、居民参与、有偿改善的综合改造原则。这不仅是民主化进程的需要，也是促进交流、共同寻求更好的解决方式的必然要求。

5.4.2 各方的角色

5.4.2.1 协调政府改造方向与居民需求和意愿

应该看到，在全球化作用的背景下、在城市竞争压力之下的旧住宅区综合改造，对于城市来讲，具有多重的意义。在近几年来经营城市理念的带动下，城市的形象变得越来越重要，作为吸引投资的手段，旧住宅区的形象对于增强城市竞争力以及促进城市发展具有重要的作用。因此，在对改造的理解方面，政府与居民需求出现偏差是正常的，需要进行协调和沟通。

1. 政府方面：提出居民在发展过程中面临的社会性、环境性问题的记录与分析

政府应该向居民解释旧住宅区改造更高层面的意义，解释旧住宅区改造对城市的意义，以及改造的各个方面对居民生活可能造成的影响。让居民了解改造活动除了对自身生活意义以外，对整体的城市发展以及最终必将影响居住生活的意义和作用。

并且，这种解释应该着眼于发展的过程，通过对过程的分析让居民清楚地看到他们面临的社会性、环境性的问题，这将使得居民在更深层次上理解改造的意义，拉近政府改造方向与居民需求和意愿之间的距离。

2. 民众方面：共同将真实的需求与意愿概念化，并尝试找出对策

在当前的更新改造当中，设计师无法将居民的意愿有效的反映到设计中

---

1 转引自：王晓鸣．旧住宅（区）小康型更新改造与产业化．城市开发，1997（7）．

去，其中一个很重要的原因就是居民无法将自身的需求有效地反映给设计师，不能准确理解设计所能解决的问题。因此，对于居民本身来讲，需要合适的技术支持将真实的需求和意愿概念化，并从生活的角度出发，提出使用上的对策。

一方面居民直接向设计师提出自己的设计要求，包括一切与居住空间环境有关的使用功能、空间布局、设施配置、艺术审美、经济标准等问题。另一方面设计师向居民提供比较有创意的想法供其参考，并介绍有关政策、法规和专业技术问题，引导居民在原有想法的基础上发展。居民与设计师相互促进，共同策划，制定设计目标和设计原则。这样居民的价值取向和需求，乃至风格偏好，与设计师正规的专业技术设计和创作不断交流、磨合最终达到默契和圆满的结合。当然，在住户数量大，且各自情况和需求不同的情况下，设计师不可能与所有住户都面对面商谈设计，但可以采取多种多样的形式，如居民代表与建筑师交流，对居民需求和意愿进行问卷调查统计，设计方案公开评审等。

其基本程式一般为：第一步，由设计师向改造住户分发征询意见表；第二步，根据征询意见的统计、整理、综合分析和归纳，以满足绝大多数住户意愿或分类型、分层次满足不同住户意愿为原则，制定设计任务书，并做出多个初步方案，然后分发各住户，由住户选定、修改或提出自己的方案设想；第三步，由设计师对居民的方案评审意见进行研究分析，改进并制订方案，方案的修改和评定往往要反复进行多次才能更好地满足住户的真正需求。

5.4.2.2 协调专业人员与民众的认识

事实上，设计师与居民对改造方式的理解有所差异，从而造成了意愿的偏差，严格地说这是价值观的差别造成的。不过应该看到，由于民众意识，素质的提高是一个阶段性的过程，而且这个阶段有可能很长，因此现阶段可行的做法就是对居民进行引导，充分了解居民的意愿，协调相互之间的认识。具体可以有以下几种做法。

1. 提供多种选择

增加具体改造方案的灵活性和多样性，让居民多一些选择。在目前阶段，不管从民众意识层次、资金、必要的效率以及经验等方面，开展全面的主动式的公众参与设计还不成熟。那么从另一个角度来讲，应该为居民提供更多的选择以满足日益多样化的选择，这在事实上能够更好地体现居民的意愿。

“菜单式”多样设计其实是一种很好的思路，既考虑住户的共性要求，又适当考虑个性要求，而尽可能多地设计出多样化、系列化的改造方案，由住户从中自行选择决定。而住户根据自己的需求和经济条件，对比、分析、研究，选择最适合自己的住宅建筑方案的过程，也就是参与决策的过程。尽管“菜单式”选择模式中居民未直接参与自己的居住环境设计和建设，但菜单式多样住宅方案与个人需求的权衡和决策，是居民实现自主决定自己居住环境的关键，它与以往在计划经济下的住宅供给制和分配制中居民（住户）所处的被动地位是有质的不同的。对开发商和设计师而言，要依“菜单式”多样设计，既满足工业化批量建造的生产方式和投资效益，又真正灵活多样化地满足居民的多种需求，关键在于对居住生活实态深入广泛地调查分析和预测，同时，更有赖于设计师创作设计才智和技巧的发挥。

2. 设计师应该深入到旧住宅区的生活中去

设计人员应该更加深入生活，多听一听居民的想法。因为从居住的层面来讲，不同的居民有不同的想法，不存在完全适合不同层面居民的统一的方法。居民往往更容易看到居住的潜力，在这方面设计人员应该多向居民请教和学习。

3. 向居住年限较长以及不满意的居民征求意见

居住年限较长的居民往往更能够看到旧住宅区改造的潜力，而不满意的居民往往能够指出旧住宅区物质环境当中存在的实质性问题，这些都有利于问题的解决。

成功的旧住宅区的改造必定与好的规划相关，这一点已为政府所重视。对旧住宅区的改造应该提交关于居民需求的研究报告和更新改造规划，从而使旧住宅区的改造必须立足于社区规划。为使工程可以提升住区活力，应将非营利和官方住房机构参与到长期的社区规划和建设中去，而不是孤立地专注于某项工程的建设。

住区规划不是单纯的物质形体规划，更应该注重社会发展规划，物质形体规划要以社会发展规划为基础。通过评估居民意见，有助于政府最终确定什么样的改造内容。通过确定建设目标和制定相应策略，因地制宜，分清轻重缓急，逐步满足需求。进行现状评价，一方面用照片、地图、文字等多种形式对现状加以描述，表达出现状条件与住房需求之间的关系，并欢迎社区参与者对现有建筑、街道、公共场所、交通等与社区生活的关系畅所欲言，居民通常会说出一些局外人难以体察的对于某个场所或建筑的特别感受；另一方面，现状评价还应包括社会经济方面的内容，因为物质形体的外在表现与真正内在的社会经济环境有时并不一致，比如有些已经老化或看起来不甚整洁的住区却充满社区活力，而有些外观整洁漂亮的住区却有这样那样的社会问题。对社区发展前景进行描绘，以地图、图表、草图形式表达出物质空间形体可能发生的变化，以文本形式反映出物质形体规划与社区发展目标和策略之间的关系，特别要明确阐明所改造旧住宅区的发展图景，以促使未来居民和原有邻里居民更易理解并接受旧住宅区在该社区的改造。

对旧住宅区的改造是社区渐进式发展的一部分，因此注重与邻里社区的融合，不强求有统一的形式，强调多样性，无论是建筑立面还是功能构成都以“协调”为指导原则，对改造结果的最终评价以邻里和居民的满意度为准。

4. 让居民参与居住环境建设

这可以借鉴发达国家的经验。发达国家也曾经经历了大规模的建设时期。建筑行业许多急功近利的做法得到了居民的反对。为了保护业已形成的邻里关系，为了保护良好的社会环境，他们创造性地组织了各种运动，去维护自己的正当权益。其中以 20 世纪 70 年代英国的社区建筑运动最为著名，在东伦敦汉克尼（Hackne）区的利尤住屋的改造中取得了很大的成功。利尤住屋是一个有着典型社会环境问题的住宅区，90%的居民希望离开这个地方。地方政府指派一个私人建筑事务所来负责这一地区的改造。这些建筑师采取创造性的方法，将办公室设在居住区里，使居民能够很方便的反映他们的意见和建议，并深入住户进行详细调查。居民最大限度的参与，使得改造活动变成了居民、建筑师以及社区管理机构共同参与、共同发现问题、解决问题的社会公益性活动。其结果不但改善了住区的物质环境条件，改善了居民的身心健康，也产生了新的社区精神，找回了社区自豪感。

随着生活水平的提高，在满足了基本的居住标准之后，居民对居住环境提出了更加多样化、个性化的需求，居民必须参加到居住环境的创造过程中，提出自己的需求，发表自己的见解，并参与实施的整个过程。这样，一方面专家可以更直接、更全面、更细致、更具体地把握居民的价值取向，从而更有效地利用其专业技术知识，创造出更实用、更贴近生活的作品；另一方面，对居民而言在参与设计的过程中，增强了它们的环境意识和认同感。

5.4.3 提倡小规模的改造

5.4.3.1 进行有机更新

城市是千百万人生活和工作的有机载体，构成城市机体的各个细胞总是不断地代谢、不断地更新，这是城市发展的一般规律。因此，住区作为构成城市机体的细胞，自我更新的过程应自始至终贯穿于住区的形成、发展的全过程，这也就是住区的新陈代谢过程。这一点决定了住区的更新完善应该是一个长期的过程，每一次更新完善只不过意味着留给居住者一个相对完善的环境体系，而并非终极目标。同时，更新完善规划面对的是业已形成的环境，大规模的突发性的开发建设势必造成社会和物质空间的剧烈变化，而无法顾及已建成住区中的环境特征及已积淀下来的精致而脆弱的社会网络。从保持历史延续性的目的出发，只有持续渐变的整治方法，才能满足维持社会空间结构及居民生活逐渐变化的要求，从而妥善地解决历史遗存和环境的保护与创新问题，实现住区的“有机更新”。

5.4.3.2 保持住区的历史延续性

既包括物质设施环境的历史延续性，又包括社会生活环境的历史延续性。从物质设施环境来看，现有的一切都应被人们视为一种财富，对其的改建必须是审慎的、周到的；充分利用现有的建筑物和周围环境所提供的自然潜力，去创造良好的、均衡的、符合需求的居住功能。特别是那些把住区的现在与过去联系起来的建筑、设施或者环境特征，往往体现了一个住区的独特意向，密切影响着居民对该住区的感知、认知。也许它们并不符合审美要求，但它们是历史的，是有根源的，它们的存在使住区的发展成为一个连续的过程，而不是支离破碎的片段，在更新完善中应得到保护甚至强化。因此，在更新完善中应建立起新的美学观，反对从个人的审美判断出发，对环境进行大拆大改，割裂住区的历史演化过程。从社会生活环境来看，新中国成立以来建成的住区虽然不像传统旧城区那样具有较大的历史、文化价值，但作为人们已视为己有的“家”，其间同样容纳了居民多样化的生活，容纳了居民彼此间的日常交往，以及居民与住区环境之间的感情联系，形成住区特定的社会和文化内容。这是住区的精神支持系统，是住区的生命力所在。但同时，这种社会网络本身是非常脆弱的，一旦被破坏，将难以获得修复。因此，已建成住区的更新完善规划应在尽量保持已有社会网络的稳定性前提下审慎地进行。这就意味着尽可能地将住户留在原地，减少搬迁；尽量保持环境的特色和意象特征，避免大规模的、疾风暴雨式的环境变更，保持住区现在与过去的联系，使住区的发展成为一个连续的过程。

5.4.3.3 旧住区开发与自建的启迪

社区开发（Community Development）区别于城市更新（Urban Renewal）计划的第一个特点是其目标的多样性和内容的广泛性；其二是社区开发强调为贫民服务及提倡社区事务公众参与；其三，社区开发更注重于对社区文脉、社会网络的保护和复兴[1]。社区开发提倡目标广泛、内容丰富的旧城改造，更具文化意识和社会意义，对目前中国的城市更新改造无疑有着许多有益的启示。20 世纪 80 年代西方兴起了“社区建筑运动”（Community Architecture），同期我国也曾出现过各种类型的住宅合作社。这两种更新改造运动主要是以家庭合作方式进行居住区重建或改建[2]。与大部分由政府和开发商主持的城市更新活动相比，社区自建更新更具有强烈的生活性和地方文化色彩[3]。社区自建的根本目的在于塑造最“适居”的社区生活环境，改善了社会网络发展的物质基础，相当于由社区居民进行的社会网络自我有

1 转引自：曲凌雁．美国的城市更新与社区开发［J］．国外城市规划，1998（3）：11-14.

2 转引自：方可．北京旧城危旧房改造的一种新思路：发展“社区合作住房”［J］．城市发展研究，1998（4）：31-35.

3 转引自：董卫．西安回民区自建更新研究初探［J］．城市规划，1996（5）：42-45.

机更新。目前，我国旧城改造面临的困难很大部分来自于资金的缺乏，在一些商业开发潜力不大的地段尤为突出。因此，居民以家庭为单位进行合作自建的方式极具现实意义，同时我国的市场经济发展也为此提供了有利的条件。在居住区更新改造中应汲取以往的经验，引导社区全体居民积极参与住房自助改建活动，建立一种可操作性强的住房发展模式。

5.4.3.4 渐进式小规模改造的提倡

简·雅柯布主张以渐进式小规模更新改造替代以往的大规模更新，提倡一种“小而灵活的规划”（Vital Little Plan），发挥其灵活性的优点，顺应城市更新代谢的规律，进行连续的、渐进的、复杂的、细致的改造[1]。通过渐进式小规模整治改造，不仅可改善居民的居住条件，还可实现居住社区与历史街区中社会网络和社区文脉的继承和发展。在具有较高历史文化价值的历史街区，则可顺应城市肌理，提倡一种渐进式插入置换的方法[2]。此外，以渐进式小规模更新改造为基础，还应将居住区改造作为一个文化传承的问题来考虑，提倡更具文化意识的旧城更新[3]。其关键在于维护并增强居住区的复原力（resilience），即顺应城市生长的规律进行渐进式有机更新，使历史建筑在结构纳新活动中更自然得经历变迁，最大限度地减少破坏。居住社区中将容纳不同的阶级和文化群体，共同构筑丰富的社区邻里关系，使社会网络得以延续、发展。

5.4.4 旧住宅区物质环境规划与社区发展规划相结合[4]

5.4.4.1 必要性

由于我国的城市居住社区在产生和发育初始就带有特定的社会制度的烙印，计划经济体制下的社区与整个社会间的维系必须通过单位为媒介，单位在很长一段时间内承担着经济与社会的双重职能，社区成员的自我发展和人际交往一直局限于单位内部范围，自治意识和参与意识的培育受到客观条件的限制。因此，城市社区在这个阶段主要存在于单位内，由于缺乏社会基础，社区规划只能停留在理论研究阶段，因而城市规划中对于社区规划的实践一直大体停留在住区规划。

城市规划学科对于社区规划的研究和实践，在西方国家从1950年代至今已有50多年的历史，但在中国的研究和实践尚处于起步阶段。综合而言，与原有住区规划的理念相比，社区规划在社区的地域界定、规划工作方式、

---

1 Jacobus J. Vital Little Plans [J]. Urban Design International Journal，1991 (1)：28-29.

2 转引自：张杰，王丽方．通过小规模逐步整治改造实现历史街区的环境与社区文脉的继承和发展[J]．城市规划，1999 (2)：29-33.

3 转引自：[美] 艾丹（Daniel B Abramson）. 居住区改造作为一个文化问题：从西方角度看北京的旧城改造 [J]. 建筑学报，1998 (2)：47-49.

4 转引自：赵蔚，赵民．从居住区规划到社区规划 [J]. 城市规划汇刊，2002 (6)：68-71.

核心内容、规划目标、关注层面，以及社区成员的参与度和规划师的角色上存在明显的区别（见表 5-4）。

住区规划与社区规划比较　　表 5-4

	住区规划	社区规划
地域界定	与行政区划没有直接关系	与行政区划有直接关系
工作方式	自上而下	自下而上与自上而下相结合
人群参与度	居民参与度很小或不参与	在一定程度和限度内进行居民参与
核心内容	社区物质环境设施的规划、更新完善	从本质上满足社区成员的需求，增强社区成员的共同意识与社区归属感
规划目标	以提升社区环境品质为主要目标	以促进社区健康发展为主要目标
关注层面	社区物质环境及设施；社区成员的活动方式	社区成员间的互动；社区成员与社区物质环境设施间的互动社区组织运行
规划师角色	置身社区之外的理性规划者	与社区成员有一定的沟通，比较深入了解社区成员的需求，同时保持规划师的理性

（转引自：赵蔚，赵民. 从居住区规划到社区规划［J］. 城市规划汇刊，2002（6）：68-71）.

住区环境设施的更新完善对社区发展而言固然重要，但很多住区环境方面存在的问题形成于社区发展过程中，牵涉到发展过程中制度设计与社区运行中的社会问题；此外，在考虑住区物质环境设施建设的同时，必须有明确的规划理由及规划的实施支撑体系的依据。因此，就城市规划学科而言，只有从社区物质环境问题的多重根源着手才有可能真正解决好社区空间环境发展的议题。

5.4.4.2　城市规划角度的完整社区规划

城市规划学科中的社区规划重点关注的是其中的物质环境设施与社区成员间的互动发展。对城市规划而言，从社区发展系统全局了解其他三方面的形成与发展，是为了使社区的环境设施的更新能更充分的满足社区成员的实际需求，与社区成员、社区组织、社区共同意识协调并进（图 5-9），因此城市规划中的社区发展是有内容偏重的，就城市规划学科本身来说，在社区规划中主要需解决的是用地、建筑和空间三方面的问题。而与这三方面相关的非物质环境因素则来自社区外部整个社会环境及社区内部自身系统。

完整意义上的社区规划应遵循以下几条原则：

（1）针对性原则。根据社区实际情况采取一定的工作方式，制定有针对性的工作路线和方案；

（2）弹性原则。表现在两个方面，其一是非量化方面内容的弹性，其二是量化指标的弹性；

（3）持续滚动原则。一方面规划具有一定的时效性，一次规划中应包括社区发展的近期和远期目标与策略（内容详细程度可不同），另一方面社区规划应随社区发展而跟踪研究，根据社区结构的发展变化定期修编。

规划内容除用地、建筑、空间本身以外，还可以考虑以下几方面的内容：

（1）发展动力源。从促进社区发展的力量上来看，完整意义上的社区规划应该能够凭借政府、市场、民间三种力量帮助社区健康发展，从这个角度来看，民间力量在社区中刚开始发展，规划中尤其需要考虑培育社区的社会资本。

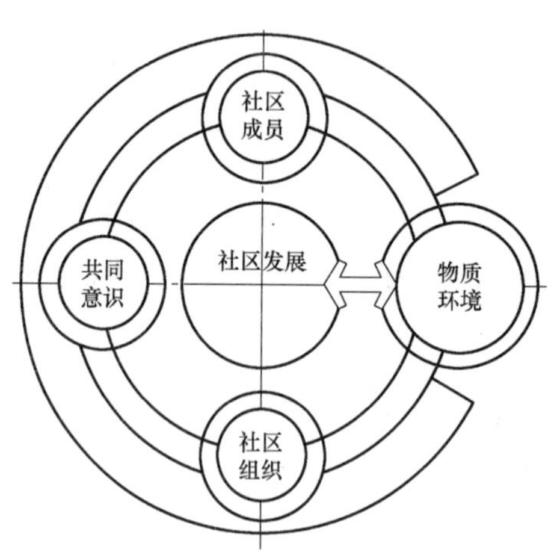

图5-9　城市规划中的社区发展

（转引自：赵蔚，赵民. 从居住区规划到社区规划［J］. 城市规划汇刊，2002（6）：68-71.）

（2）社区类型。应明确规划社区现在的所属类型，并研究预测社区向哪种类型方向发展。

（3）规划过程。从规划过程与关注的内容来看，完整意义上的社区规划过程应该是：规划师和社区工作者观察从社区成员到社区物质环境设施、社区成员间的互动到社区组织运行等过程，组织一定范围和限度的社区成员公众参与，听取居民的意见，从中发现社区存在的问题，并有针对性地提出解决的策略。强调发掘社区中问题的关键，并通过改善社区环境设施、调整组织机构等途径而有效解决社区中现有的问题，从而提升社区的生活品质，使社区有序健康地发展。

（4）人群需求特征。社区成员作为社区活动的主体，由不同年龄、职业、教育程度、健康程度等人群组成，不同人群间的互动特征有显著的差异，由此产生的需求也会不同，社区规划必须对社区的人口结构、人群的划分有明确的概念。

目前，政府发展计划中的社区规划主要由民政部门安排、社会学意义上的社区研究由社会学家承担。现行的城市规划法律中并没有将社区规划纳入城市规划编制体系，社区规划在城市规划体系中尚没有合法的地位和相应的规范。虽然城市规划在社区发展问题的实践中尚处于摸索阶段，但多学科的渗透和优势互补必定会有助于社区的健康发展。

实证研究的结论就是居民参与有助于改造效果的提升，在一个侧面反映了住区规划向社区规划转变的必要性。

5.5 对改造中公众参与行为的进一步强化

5.5.1 将居民参与的工作内容纳入到旧住宅区更新改造的工作程序中去

5.5.1.1 必要性

1933 年的《雅典宪章》突出强调建筑师的作用，提出“每个城市计划，必须以专家所作的研究为根据，它必须预见到城市发展在时间和空间上不同的阶段”。而在 1977 年的《马丘比丘宪章》中，则开始强调公众参与的作用，呼吁：“人们必须参与设计的全过程，要使用户成为建筑师工作整体中的一部分”。1981 年国际建筑师协会发表的《华沙宣言》中曾明确指出“人类居住建设规划应有市民参与，并反映出对全部需求和权利的充分尊重”；“应把居民参与居住环境建设视为他们基本的权利”。2000 年的《北京宪章》则明确提出“全社会建筑学”的概念，不仅提出建筑师要参与人居环境建设的所有层次的决策，而且提出应让社会（政府和公众）更多地参与整个建筑设计过程，这种双向的全面参与无疑将成为新世纪人居环境建设的基本设计模式。

对于旧住宅区的更新改造来说，首先，住区的真正主人是住区居民。面对极为复杂的已建成环境，只有住区居民才真正了解其中存在的问题，了解他们自己的需求和意愿。现实生活中，住区环境的形成与发展是由管理者、设计师和当地居民共同控制，并在很大程度上是由当地居民控制的。只有在公众的参与下，才能保证以最有效的方法改善环境；其次，公众参与是建立社区意识的基石，在广泛的参与过程中，居民不仅可以表达自己的意愿、塑造自己的环境，而且能借此激发居民对自己家园的热爱、建立邻里感情、增强社区凝聚力；第三，在居民当中，蕴藏着巨大的社会资源，住区的更新完善最终还得依赖这种资源。住区居民对更新完善责任的分担使得每一个居民都有机会为谋取社区共同利益而施展和贡献自己的才能。成为社区持续更新完善的动力。从这个意义上说，公众参与是实现住区更新的最佳手段，是建立住区自我更新机制的基础。

5.5.1.2 对策

扩大公众参与的范围及环节。应该看到，在当前改造中的公众参与还处在一个比较初级的阶段，不管从民主化的进程来看，还是民众意识的培养和满足以及提升改造的效果来看，公众参与还是需要深入开展的。

旧住宅区的更新完善规划应由两个方面共同参与。一方面是政府、开发者和规划师，他们为住区的更新完善提供政策、技术和经济上的支持；另一方面则是居民，他们应参与住区更新完善全过程，包括规划、实施和运行管理。两方面互相沟通、协作监督，内外力量共同推进社区各方面的动态发展，达成新的“有机秩序”。事实上，与其他城市建设活动相比，旧住宅区的更新完善中的公众参与是最切实可行的。例如，在住区的新建规划中，居住对象只是一个预期的不确定的群体，了解他们的需求与意愿是比较困难的。因此新建规划往往是一个由政府、开发者和设计者单方面控制的“自上而下”的过程。而更新完善规划面对确定的使用者，同时，在住房商品化的趋势下，住房日益成为居民自身财产的一部分，住区环境与居民利益的联系日趋紧密。在这种自身利益的驱动下，公众参与有较大的积极主动性。加上工程规模相对较小，公众参与也较易把握。

在旧住宅区更新改造中运用参与性规划的方式，有助于解决由于规划中没有充分考虑所可能影响到的利益群体，有助于形成通过交流沟通解决问题的民主化方式。

5.5.2 规划中居民的参与必须保证讨论者之间的平等地位

讨论者之间地位是否平等决定着讨论结果的倾向性，在实证研究中出现的居民并没有因为被征求意见而体现出更高的认可度，其原因就是居民与专业人员之间地位的不平等。专业人员处于强势地位，而居民仍旧是弱势群体。因此，按照博弈的理论，居民意见对专业人员起作用的关键就是相互之间位置的平等，使得专业人员不得不重视居民的意见，其结果就可以使得居民的意愿有效地体现在改造当中。

5.5.3 实施具有居民参与内容的规划工作是一个比较漫长的过程

影响公众参与的因素众多，包括认识论、社会经济结构、参与的层级和地区因素、教育的改革以及技术等，这些因素当中有主观的个人发展层次的影响，也有客观的社会发展层次的影响，并且还受科学技术手段的限制。这就必然决定了公众参与在我国的发展是一个漫长的过程。

笔者认为，在旧住宅区更新改造过程中的居民参与可分为三个阶段：

第一阶段是现在的公众完全被动的公众参与阶段（图 5-10）；

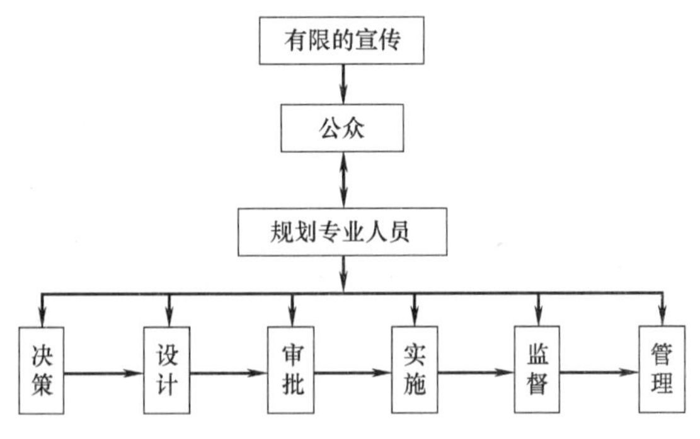

图 5－10 公众完全被动的公众参与

第二阶段是居民初步的公众参与阶段（图 5-11），笔者认为在下一步旧住宅区更新改造中应该采取这种参与方式；

第三阶段是远期的进一步公众参与阶段（图 5-12），这个阶段是完整意义上的公众参与，需要时间、实践的积累。

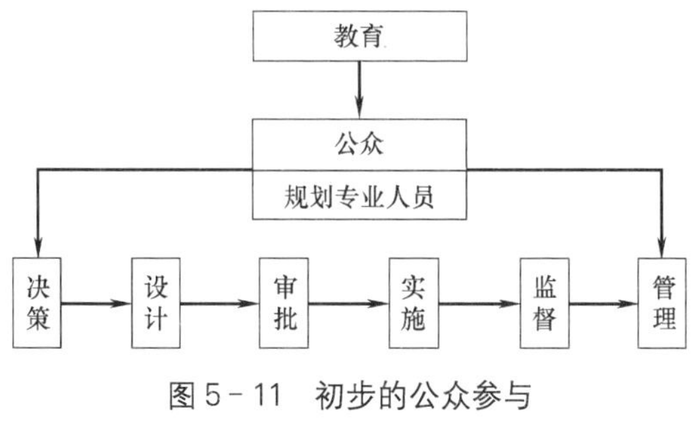

图 5－11　初步的公众参与

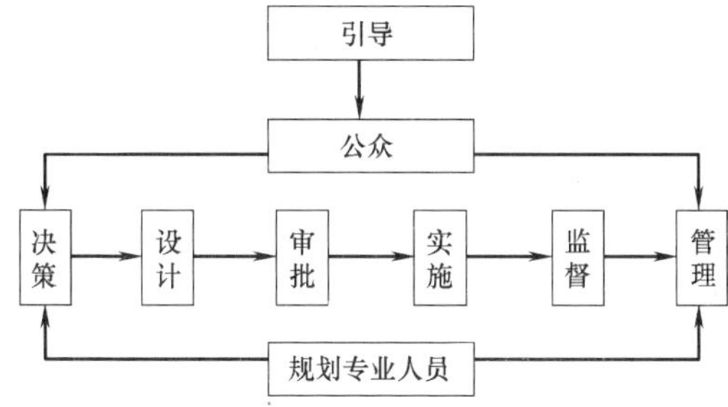

图 5－12　进一步的公众参与

5.5.4　需要建立一个长期为住区工作服务的、训练有素的技术支持组织

5.5.4.1　专业领域：尝试建立社区规划师制度

所谓“社区建筑师（规划师）”制度，是指每一个城市居住社区均应有一个或一个以上相对固定的建筑师（规划师）或其群体组织，参与到社区项目策划、规划设计、开发建造及以后的社区发展与维护乃至更新改造等居住社区营造、发展的全过程。“社区建筑师（规划师）”形式多样，既可以是社区组织的一个组成部分，也可以是职业建筑师（规划师）及其组织以非营利组织成员或志愿服务身份等多种方式。这种制度在我国台湾地区已经建立，并取得了良好的效果，涉及领域多样，大到居住社区宏观发展方向、规划营造策略的建构，小到社区环境小品设置、居民居住空间结构改善咨询等众多领域。

“社区建筑师”的主要职责内容可以概括为[1]：

（1）参与居住社区形态空间环境及地域社会空间发展的规划；

（2）协调社区居民与政府管理部门、开发商等不同利益群体之间的关系与矛盾冲突；

1　转引自：王彦辉．“社区建筑师”制度：居住社区营造的新机制．城市规划，2003（05）：76-96.

（3）协助居民进行社区营造的参与活动，教育、培训居民提高社区参与的意识与水平；

（4）协助社区及居民解决日常生活中公共空间环境设施的改造与完善。

在当前中国处于深刻的社会政治经济体制转轨和城市化进程加快发展的时代背景下，实行“社区建筑师”制度具有积极的理论与现实意义，有利于协调不同社会利益群体之间的矛盾冲突，有利于提高居住社区空间环境营造的针对性，有利于提高工作效率、减少政府与开发商及基层群众间的矛盾冲突，有利于居住社区空间环境的整体协调可持续发展，最为重要的是，有利于居民社区参与能力的提高和社区主体性地位的实现。

我国台湾地区台北市的实践为“社区建筑师”制度的可行性与有效性提供了有力佐证。而且，台北市的社区建筑师的相关组织制度、实践策略与方法值得我们思考与借鉴。当然，在目前中国市场经济条件下，实行“社区建筑师”制度存在诸多困难。如与现行规划设计管理体制存在冲突，社区建筑师活动经费问题的解决，相关组织制度缺乏，以及对建筑师的更高要求等。但这丝毫不能削弱实行“社区建筑师”制度的必要性，而是为我们以后的努力提供了方向。因为“社区建筑师”制度是保证城市居住社区营造及其可持续发展方向得以实现的重要策略之一，且国内外建筑师的探索已明显预示了这一发展方向。

5.5.4.2 公众领域：成立社区发展社团（CDCs）

讨论旧住宅区的更新改造当中的居民公众参与，除了成立专业机构，还应该成立类似社区发展社团（CDCs：Community Development Corporations）的组织[1]，积极吸纳潜在的居民和周边邻里居民参与设计开发过程，旨在有限资金限制下创造有效利用土地及资源的高质量社区。重视公众参与的 CDCs 改造的住区则可以避免类似的失败。旧住宅区的改造是社区渐进式发展的组成部分，非营利发展机构和 CDCs 均立足于已趋稳定发展的社区的需要，决定旧住宅区改造的内容。

在旧住宅区更新改造当中成立社区发展社团（CDCs）有两个主要任务：

一是组成完善的设计委员会。包括指导委员会、邻里居民、使用者代表（已完成的类似旧住宅区改造的居民可以作为使用者代表，凭借其居住经历会提出有价值的建议）、物业管理方（能够凭借其工作经验在如何改造才能提供更为持久的良好居住环境方面提供有价值的意见）等。在设计委员会的努力下，旧住宅区的居民和邻里的要求得到充分的研究和考虑，使旧住宅区更为健康稳定。

---

1 转引自：王承慧．美国可支付住宅实践经验及其对我国经济适用房开发与设计的启示．国外城市规划，2004（6）：14-18.

二是慎重选择建筑师。对建筑师的要求较高，要求其能够在设计过程中顺利建立起开发团队与旧住宅区之间的双向对话，具有敏感、耐心和负责的品质，获取相关的信息来指引设计方向，最终营造出在物质环境、社会环境和费用方面均令人满意的住区。建筑师在设计过程中不仅要快速而深入地了解旧住宅区，指导并帮助社区意识到产生影响的某些特定问题，还要起到处理好社区意见并给出解决方案。当然，我国的设计人员在这方面的能力有所欠缺，需要不断的培养以及多方的努力。

5.6 对改造中资金来源途径的进一步拓展

在当前经济发展水平有限、财政资金有限的情况下去推进旧住宅区的更新改造，除了政府的补贴以外，还应该坚持旧住宅区更新改造的市场化道路。

旧住宅区所具有的区位优势等特点使得旧住宅区内部的房地产开发具有吸引力，开发商可以通过这种开发方式赚取利润，而同时旧住宅区也可以通过这种方式获得相当的改造资金，这使得旧住宅区通过提高容积率的方式进行的开发可以产生房地产开发和旧住宅区改造并行的双赢局面。

在改造过程中应该注意居民的回迁问题。旧住宅区的改造应该在保证暂时安置落实以及保证回迁的情况下进行。当然应该看到在操作过程中的相关环节还有待进一步探讨。

参考文献（中文部分）

[1] （美）艾丹（Daniel B Abramson）. 居住区改造作为一个文化问题：从西方角度看北京的旧城改造 [J]. 建筑学报，1998（2）.

[2] （美）洪朝辉. 论中国城市社会权利的贫困 [J]. 江苏社会科学，2003（2）.

[3] （美）加布里埃尔·A·阿尔蒙德·小G·宾厄姆. 比较政治学：体系、过程和政策 [M]. 曹沛霖等译. 上海：上海译文出版社，1987.

[4] 奥尔森. 集体行动的逻辑 [M]. 上海：上海三联书店，1996.

[5] （法）包德里亚. 消费社会 [M]. 刘成富，全志钢译. 南京：南京大学出版社，2001.

[6] 包亚明等. 上海酒吧——空间、消费与想象 [M]. 南京：江苏人民出版社，2001.

[7] 柏原士郎，吉村英祐，横田隆司，饭田匡. 从空家率看公的赁贷集合住宅团地的立地环境及其评价 [M]. 日本建筑学会学术论文集，计划系，2003：9-16.

[8] 陈浮. 城市人居环境与满意度评价研究 [J]. 城市规划，2000（7）.

[9] 程浩，黄卫平，汪永成. 中国社会利益集团研究 [J]. 战略与管理，2003（4）.

[10] 陈锦富. 论公众参与的城市规划制度 [J]. 城市规划，2000（7）：54-57.

[11] 程家龙. 深圳特区城中村改造开发模式研究. 城市规划汇刊，2003（3）.

[12] 陈树林，黄鑫. 城市居民生活质量及其影响因素调查分析 [J]. 中国行为医学科学，2001（4）.

[13] 陈胜勇，林龙. 权利失衡与利益协调——城市贫困群体利益表达的困境 [J]. 青年研究，2005（2）.

[14] 陈宪. 积极促进街道经济向社区经济转型 [J]. 探索与争鸣，2000（10）.

[15] 陈映方. 贫困群体利益表达渠道调查 [J]. 战略与管理，2003（6）：87-91.

[16] 中国城市竞争力报告 No. 2（2005）. 北京：社会科学文献出版社，2005.

[17] 邓志伟. 关于当前中国的社区发展 [J]. 江苏社会科学，1999（6）：165-170.

[18] 董鉴鸿. 第一个五年计划中关于城市建设工作的若干问题. 建筑学报，1955（1）.

[19] 董卫. 西安回民区自建更新研究初探 [J]. 城市规划，1996（5）.

[20] 方可. 西方城市更新的发展历程及其启示 [J]. 城市规划汇刊，1998（1）.

[21] 方可. 北京旧城危旧房改造的一种新思路：发展“社区合作住房”[J]. 城市发展研究，1998（4）.

[22] 方可. 当代北京旧城更新：调查、研究、探索 [M]. 北京：中国建筑工业出版社，2000.

[23] 方澜等. 战后西方城市规划理论的流变 [J]. 城市问题，2003（12）.

[24] 范文兵. 上海里弄的保护与更新 [M]. 上海：上海科学技术出版社，2004（3）.

[25] 费孝通. 居民自治：中国城市社区建设的新目标 [J]. 江海学刊，2002（3）.

[26] 冯现学. 对公众参与制度化的探索——深圳市龙岗区“顾问规划师制度”的构建 [J]. 城市规划，2003 (2)：68-71.

[27] 甘炳光. 社区工作：理论与实践 [M]. 香港：中文大学出版社，1994：10-160.

[28] 高鹏. 社区建设对城市规划的启示——关于住宅区规划建设的几个问题. 城市规划，2001 (2).

[29] 郭建，孙惠莲. 城市规划中公众参与的法学思考 [J]. 城市规划，2004 (1)：65-68.

[30] 何海兵. 我国城市基层社会管理体制的变迁：从单位制、街居制到社区制 [J]. 管理世界，2003 (6).

[31] 黄吉乔. 上海市中心城区居住空间结构的演变 [J]. 城市问题，2001 (4).

[32] 黄全乐等. 从“围村”到“浮城”——关于一个城市村庄的理想文本 [J]. 建筑学报，2004 (11).

[33] 胡伟. 城市规划与社区规划之辨析 [J]. 城市规划汇刊. 2001 (1).

[34] 胡伟. 转型期上海城市居住形态变迁的社区透视 [D]. 华东师范大学博士论文，2002.

[35] 华伟. 单位制向社区制的回归——中国城市基层管理体制50年变迁 [J]. 战略与管理，2000 (1).

[36] 黄怡. 城市居住隔离的模式——兼析上海居住隔离的现状 [J]. 城市规划学刊，2005 (2)：31-37.

[37] 日本建筑学会建筑计划委员会. 今后的都市与用途转换——在日本展开的可能性. 日本建筑学会大会资料，2003.

[38] 加布里埃尔·A·阿尔蒙德·小G·宾厄姆. 比较政治学：体系、过程和政策 [M]. 曹沛霖等译，上海：上海译文出版社，1987.

[39] 蒋达强. 大城市人口郊区化住宅空间分布的效应研究 [J]. 人口与经济，2002 (3).

[40] 姜凡. 社区在西方：历史、理论与现状 [J]. 社会学，2000 (5)：1-10.

[41] 姜劲松，林炳耀. 对我国城市社区规划建设理论、方法和制度的思考 [J]. 城市规划汇刊，2004 (3).

[42] 孔德新. 城市居住区布局理论 [J]. 住宅科技，1998 (7).

[43] 李滨. 全球视野下的国家与市场——国际政治经济学主要理论概述 [J]. 历史教学问题，2004 (5).

[44] 李东泉. 政府“赋予能力”在旧城改造中的作用 [J]. 城市规划汇刊，2001 (5).

[45] 梁鹤年. 公众（市民）参与：北美的经验与教训 [J]. 城市规划，1999 (5).

[46] 李景鹏. 中国政治发展理论研究纲要 [M]. 哈尔滨：黑龙江人民出版社，2000.

[47] 林龙. 权利失衡与利益协调：城市弱势群体利益表达现状与对策——关于杭州市社区贫困群体的一项实证研究. http：//www. sociology. cass. cn/shxw/shjgy-fc/poz0040628483457810912. pdf.

[48] 李培林. 中国新时期阶级阶层报告 [M]. 沈阳：辽宁人民出版社，1995.

[49] 李盛. 中新城市住宅开发初步比较 [J]. 城市规划，2000 (8).

[50] 林尚立. 社区民主与治理：案例研究 [M]. 北京：社会科学文献出版社，2003.

[51] 刘旺，张文忠. 国内外城市居住空间研究的回顾与展望 [J]. 人文地理，2004 (6).

[52] 黎熙元. 现代社区概论 [M]. 广州：中山大学出版社，1998：1-90.

[53] 刘玉亭，何深静. 国外城市贫困问题研究. 现代城市研究，2003 (1)：78-86.

[54] 李滨. 全球视野下的国家与市场——国际政治经济学主要理论概述 [J]. 历史教学问题，2004 (5).

[55] 李志刚，张京祥. 调解社会空间分异，实现城市规划对"弱势群体"的关怀——对悉尼 UFP 报告的借鉴 [J]. 国外城市规划，2004 (6).

[56] 李志刚等. 当代我国大都市的社会空间分异——对上海三个社区的实证研究 [J]. 城市规划，2004 (6)：60-67.

[57] 李友梅，石发勇. 城市社区组织关系重构 [N]. 中国企业报，2002.

[58] 栾峰. 战后西方城市规划理论的发展演变与核心内涵——读 Nigel Taylor 的《1945 年以来的城市规划理论》. 城市规划汇刊，2004 (4).

[59] 罗小龙，张京祥. 管治理念与中国城市规划的公众参与 [J]. 城市规划汇刊，2001 (2)：59-62.

[60] 卢源. 旧城改造对弱势群体的影响及规划保护对策. 同济大学硕士学位论文，2003.

[61] 吕露光. 城市居住空间分异及贫困人口分布状况研究——以合肥市为例 [J]. 城市规划，2004 (6)：74-77.

[62] 马晖，赵光宇. 独立老年住区的建设与思考 [J]. 城市规划，2002 (3).

[63] 马武定. 城市规划本质的回归 [J]. 城市规划学刊，2005 (1).

[64] 穆广杰. 居民生活质量评价指标体系的完善 [J]. 郑州航空工业管理学院学报(社会科学版)，2004 (6).

[65] 慕春暖. 旧老住宅的改造 [J]. 住宅科技，2002 (6).

[66] 曲凌雁. 美国的城市更新与社区开发比较 [J]. 国外城市规划，1998 (03).

[67] 曲凌雁：城市更新及对策——关于城市更新的多层次认识. 同济大学博士学位伦文，1998.

[68] 日本建筑学会建筑计划委员会. 今后的都市与用途转换——在日本展开的可能性 [M]，日本建筑学会大会资料，2003.

[69] 桑玉成. 利益分化的政治时代 [M]. 上海：学林出版社，2002.

[70] 上海建设 (1949—1985). 上海：上海科学技术文献出版社，1989.

[71] 上海建设 (1986—1990). 上海：上海科学技术文献出版社，1991.

[72] 上海建设 (1991—1995). 上海：上海科学技术文献出版社，1996.

[73] 上海建设 (1996—2000). 上海：上海科学技术文献出版社，2001.

[74] 单文慧. 不同收入阶层混合居住模式——价值评判与实施策略规 [J]. 城市规划，2001 (2)：26-29.

[75] 施骞，凌传荣. 模糊综合评判在旧区住宅性能评价中的应用 [J]. 重庆建筑大学学报，2001 (1).

[76] 沈晖. 当代中国中产阶级认同现状探析. [2005-08-04]. http：//www. usc. cu-

hk. edu. hk/wk _ wzdetails. asp? id=3770.

[77] 宋言奇. 城市老龄社区构建问题三议 [J]. 城市规划学刊，2004 (5).

[78] 孙立平. 断裂：20 世纪 90 年代以来的中国社会 [M]. 北京：社会科学文献出版社，2003.

[79] 孙立平. 权利失衡、两极社会与合作主义宪政体制 [J]. 战略与管理，2004 (1).

[80] 孙立平. 总体性资本与转型期精英形成 [J]. 浙江学刊，2002 (3).

[81] 孙峰华. 21 世纪的社区地理学 [J]. 人文地理，2002 (17).

[82] 苏勤等. 面临新城市贫困我国城市发展与规划的对策研究 [J]. 人文地理，2003 (10).

[83] 孙施文，邓永成. 开展具有中国特色的社区规划——以上海市为例 [J]. 城市规划汇刊，2001 (6).

[84] 孙施文. 城市规划中的公众参与 [J]. 国外城市规划，2002 (2).

[85] 隋玉杰. 社会工作：理论、方法与实务理论、方法与实务 [M]. 北京：中国社会科学出版社，1996.

[86] 陶杰，廖晓梅. 我国城市居住郊区化趋势分析 [J]. 住宅科技，2001 (9).

[87] 陶敏. 新社区，新生活——社会转型期城市居住区公共设施合理化配置研究. 东南大学硕士学位论文，2004.

[88] 谭融. 美国利益集团研究 [M]. 北京：中国社会科学出版社，2002.

[89] 唐文跃. 城市规划的社会化与公众参与 [J]. 城市规划，2002 (9)：25-27.

[90] 田文祝. 改革开放后北京城市居住空间结构研究 [D]. 北京大学博士学位论文，1997.

[91] 童昕. 城市住宅区位及其影响因素分析 [J]. 城市规划，2001 (2).

[92] 团地再生研究会. 团地再生的建议 [M]. (株) フル毛出版，2002.

[93] 王伯伟. 可持续发展社区与人口老龄化的对策 [J]. 城市规划学刊，1997 (3).

[94] 王承慧. 美国可支付住宅实践经验及其对我国经济适用房开发与设计的启示 [J]. 国外城市规划，2004 (6).

[95] 王剑云，韩笋生. 杭州与新加坡的城市社区组织模式比较——引入国外实例. 城市规划汇刊，2003 (3).

[96] 王江萍. 城市老年人居住方式研究 [J]. 城市规划，2002 (3).

[97] 王浪，李保峰. 旧城改造的公众参与——武汉同丰社区个案研究 [J]. 规划师，2004 (8)：90-92.

[98] 王琳. 浅析我国面向弱势群体的住房政策——对现行廉租住房政策的理论探讨 [J]. 安徽建筑工业学院学报 (自然科学版)，2005 (2).

[99] 汪文雄，王晓鸣，陈兴海. 虚拟现实技术与旧城居住区更新改造动态决策 [J]，华中科技大学学报 (城市科学版)，2002 (2).

[100] 王玮华. 城市住区老年设施研究 [J]. 城市规划，2002 (3).

[101] 王文忠，毛佳粱等. 上海 21 世纪初的住宅建设发展战略 [M]. 上海：学林出版礼，2000.

[102] 王小章，冯婷. 城市居民的社区参与意愿——对 H 市的一项问卷调查分析 [J].

浙江社会科学，2004（4）：99-105.
[103] 王晓鸣，李桂青．住宅老化机理与维修决策评价［J］．武汉工业大学学报增刊．1998（9）.
[104] 王晓鸣，李桂青．住宅老化机理与维修决策评价［J］．武汉工业大学学报增刊，1998（9）.
[105] 王晓鸣．旧住宅（区）小康型更新改造与产业化［J］．城市开发，1997（7）.
[106] 王兴中等．中国城市社会空间结构研究［M］．北京：科学出版社，2000.
[107] 汪杨岚．我国居民生活质量的评价［J］．市场论坛，2004（7）.
[108] 王彦辉．“社区建筑师”制度：居住社区营造的新机制［J］．城市规划，2003（05）：76-96.
[109] 王凯．从西方规划理论看我国规划理论建设之不足［J］．城市规划，2003（6）：66-72.
[110] 王颖．老龄化——城市规划的一个社会学课题［J］．城市规划学刊，1998（5）.
[111] 王颖．上海城市社区实证研究．城市规划汇刊，2002（6）.
[112] 王毅捷．美国旧城区改造策略与若干典型实践．城市规划汇刊，1998（4）.
[113] 魏立华，闫小培．“城中村”：存续前提下的转型——兼论“城中村”改造的可行性模式［J］．城市规划，2005（7）.
[114] 魏娜．我国城市社区治理模式：发展演变与制度创新［J］．新华文摘，2003（6）.
[115] 吴国兵，刘均宇．中外城市郊区化的比较［J］．城市规划，2000（8）.
[116] 吴良镛．北京旧城居住区的整治途径（之三）．清华大学建筑系教师作品集［M］．北京：中国建筑工业出版社，1996.
[117] 吴良镛．北京旧城与菊儿胡同［M］．北京：中国建筑工业出版社，1994.
[118] 吴启焰，张占祥等．现代中国城市居住空间分异机制的理论研究［J］．人文地理，2002（3）.
[119] 吴启焰．大城市居住空间分异研究的理论与实践［M］．北京：科学出版社，2001.
[120] 吴忠民．中国现阶段贫富差距扩大问题分析［J］．科学社会主义，2001（4）.
[121] 修春亮，夏长君．中国城市社会区域的形成过程与发展趋势［J］．城市规划汇刊，1997（4）.
[122] 邢兰芹等．1990年代以来西安城市居住空间重构与分异［J］．城市规划，2004（6）：68-73.
[123] 新时期中国社区建设与管理实务全书［M］．北京：学苑出版社，2000：44-47.
[124] 薛德升，李娜．广州市未来居住区热点区位分析［J］．热带地理，1995（1）.
[125] 徐明前．上海市中心城旧住区更新改造模式研究［D］．同济大学博士论文，2003.
[126] 徐晓军．论我国城市社区的阶层化趋势［J］．社会科学，2000（2）.
[127] 徐晓军．我国城市社区走向阶层化的实证分析——以武汉市两典型住宅区为例［J］．城市发展研究，2000（4）.
[128] 徐一大，吴明伟．从住区规划到社区规划［J］．城市规划汇刊，2002（4）.

[129] 阳建强，吴明伟. 现代城市更新 [M]. 南京：东南大学出版社，1999.
[130] 亚历山大 C. 城市并非树形 [J]. 严小婴译. 建筑师，1985 (24)：206-224.
[131] 严惠霖，段建强. 旧房成套改造的若干问题 [J]. 住宅科技，2002 (07).
[132] 叶鹏，徐晓. 北京垂杨柳中南街的改造更新. 建筑学报，2002 (5).
[133] 袁方，刘应杰，张其仔等. 社会学家的眼光：中国社会结构转型. 北京：中国社会出版社，1998.
[134] 虞蔚. 城市社会空间结构的研究与规划 [J]. 城市规划，1986 (6).
[135] 余向洋，王兴中. 城市社区环境下商业性娱乐场所的空间结构 [J]. 人文地理，2003 (2)：30-36.
[136] 曾绍奋. 有机更新：旧城发展的正确思想——《北京旧城与菊儿胡同》读后 [J]. 新建筑，1996 (2).
[137] 中国城市竞争力报告 No. 2 (2005). 北京：社会科学文献出版社，2005.
[138] 中国公共政策 (2003 年卷). 北京：中国社会科学出版社，2003.
[139] 张更立. 走向三方合作的伙伴关系：西方城市更新政策的演变及其对中国的启示 [J]. 城市发展研究，2004 (4).
[140] 张继刚. 浅谈城市规划中的公众参与 [J]. 城市规划，2000 (7)：57-58.
[141] 张杰，王丽方. 通过小规模逐步整治改造实现历史街区的环境与社区文脉的继承和发展 [J]. 城市规划，1999 (2).
[142] 张杰. 论以社区为基础的城市小规模改造. 城市规划汇刊，1999 (3).
[143] 周江评，孙明浩. 城市规划和发展决策中的公众参与——西方有关文献及启示. 国外城市规划，2005 (4).
[144] 周江评. "空间不匹配"假设与城市弱势群体就业问题：美国相关研究及其对中国的启示 [J]. 现代城市研究，2004 (9).
[145] 朱健刚. 城市街区的权力变迁：强国家与强社会模式——对一个街区权力结构的分析 [J]. 战略与管理，1997 (4).
[146] 张仁俐，赵旭等. 当前居住区公建配套标准的制订 [J]. 城市规划汇刊，2001 (3).
[147] 张蓉. 广州商品住房发展对城市空间结构影响的研究 [D]. 中山大学博士学位论文，1997.
[148] 甑树青. 论表达自由. 北京：社会科学文献出版社，2000.
[149] 张庭伟. 1990 年代中国城市空间结构的变化及其动力机制 [J]. 城市规划，2001 (7).
[150] 张庭伟. 政府、非政府组织以及社区在城市建设中的作用. 城市规划汇刊，1998 (3).
[151] 张汪耀，陆健等. 生活方式和社区意识的差异——以上海市虹口区为例 [J]. 社会. 2001 (1).
[152] 张文范. 我国人口老龄化与战略性选择 [J]. 城市规划，2002 (2).
[153] 张文忠，刘旺. 北京市住宅区位空间特征研究 [J]. 城市规划，2002 (12).
[154] 张骏华. 浅论上海多层旧工房街坊综合改造 [J]. 住宅科技，2001 (11).
[155] 赵万良，顾军. 上海社区建设指标体系研究. 上海市城市规划设计研究

院，1999.
[156] 赵蔚，赵民. 从居住区规划到社区规划 [J]. 城市规划汇刊，2002 (6).
[157] 赵民，赵蔚. 社区发展规划——理论与实践. 北京：中国建筑工业出版社，2003.
[158] 赵秀敏，葛坚. 城市公共空间规划与设计中的公众参与问题 [J]. 城市规划，2004 (1).
[159] 周一星，孟延春. 沈阳的郊区化 [J]. 地理学报，1997 (4).
[160] 周一星. 北京的郊区化引发的思考 [J]. 地理科学，2000 (3).
[161] 周岚. 西方城市规划理论发展对中国之启迪 [J]. 国外城市规划，2001 (1).

参考文献（英文部分）

[1] Amstein S. A Ladder of Citizen Participation. Journal of the American Institute of Planners，1969.

[2] Andersson，R. Spaces of socialization and social network competition：a study of neighbourhood effects in Stockholm，Sweden，in：H. T. Andersen & R. Van Kempen (Eds) Governing EuropeanCities：Social Fragmentation and Urban Governance，2001：149-188 (Aldershot，Ashgate).

[3] Atkinson，R. & Kintrea，K. Disentangling area effects：evidence from deprived and non-deprived neighbourhoods，Urban Studies，2001 (38)：2277-2298.

[4] Ashworth，G J and Voogd，H. Selling The City：Marketing Approaches in Public Sector Urban Planning. London：Belhaven Press，1990.

[5] Bell D. The Cultural Contradictions of Capitalism. New York：Basic Books，1976.

[6] Bogge C. Social Movement and Political Power：emerging forms of radicalism in the West. Philadelphia：Temple University Press，1986.

[7] Briggs，X. de Souza. Moving up versus moving out：neighborhood effects in housing mobilityprograms，Housing Policy Debate，1997 (8)：195-234.

[8] Chevrant-Breton，M. Selling the world city：a comparison of promotional strategies in Paris and London. European Planning Studies 1997 (5)：137-192.

[9] Cochrane，A，Peck，J and Tickell，A. Manchester plays games：exploring the local politics of globalization. Urban Studies 1996 (33)：1319-1336.

[10] Couch，Chris. Urban renewal：Theory and practice . London：Macmillan Education Press，1990.

[11] David，Harvey. social justice and the city. Hopkins Uinvemity Press，1972.

[12] Davidoff，P. Advocacy and Pluralism in Planning. Journal of American Institute of Planners，196531 (4).

[13] De Vos，S. (1997) De omgeving telt. PhD thesis (Amsterdam，Instituut voor Sociale Geografie，Universiteit van Amsterdam).

[14] Del Conte，A. & Kling，J. A synthesis of MTO research on self-sufficiency，safety and health，and behavior and delinquency，Poverty Research News，2001，5 (1)：3-6.

[15] Dluhy M. J. Building Coalition in Human Services，Thousand Oak. CA：Sage，1990.

[16] Ellen，I. G. & Turner，M. A. Does neighborhood matter? Assessing recent evidence，Housing Policy Debate，1997 (8)：833-866.

[17] Fagence M. Citizen Participation in Planning. Oxford and New York: Pergamon Press, 1977.

[18] Fainstein, S. S., I, Gordon, et al., eds. Divided cities: New York and London in the contemporary world [M]. Oxford: Blackwell, 1992.

[19] Fischer F. Technocracy and the Politics of Expertise. Thousand Oak. CA: Sage Publications, 1990.

[20] Francescato, G., Weidemann, S., and Anderson, J. R. Evaluating the Built Environment from the Users' Point of View: An Attitudinal Model of Residential Satisfaction, in Preiser, W. F. E. (ed.) Building Evaluation, New York: Plenum Press, 1989.

[21] Freidson E. Professional Power. Chicago: University of Chicago Press, 1987.

[22] Friedmann J. The Good Society. Cambridge: MIT Press, 1979.

[23] Friedrichs, J. Do poor neighbourhoods make their residents poorer? Context effects of poverty neighbourhoods on residents, in: H. -J. Andress (Ed.) Empirical Poverty Research in ComparativePerspective (Aldershot, Ashgate), 1998.

[24] Fulong Wu. Place promotion in Shanghai, PRC, Cities, 2000, 17 (5): 349-361.

[25] Gans, H. J. The balanced community: homogeneity or heterogeneity in residential areas, Journal of the American Institute of Planners, 1961 (27): 176-184.

[26] Harry L G. Maintaining the Spirit of Place [M]. PAD, 1985.

[27] Harvey, D. The condition of post-modernity [M]. Oxford: Blackwell Publishers, 1991.

[28] Herrschel, T From socialism to post-fordism: the local state and economic polices in Eastern Germany. In The Entrepreneurial City, eds T Hall and P Hubbard. John Wiley, Chichester, 1998.

[29] Highfield, D.. Rehabilitition and Reuse of Old Building. E and F. N. Spon. UK. 1987.

[30] Hubert Campfens, International Review of Community Development: theory and practice, in Hubert Campfens edi [A], Comunity Development Around World [C]. Toronto, 1997.

[31] Illich I. A Celebration of Awareness: A call for institutional revolution. Garden City, New York: Doubleday, 1970.

[32] Jacobus J. The Death and Life of Great America Cities [M]. New York : Random House, 1961.

[33] Jacobus J. Vital Little Plans [J]. Urban Design International Journal, 1991 (1): 28-29.

[34] Kasarda, J. D., Friedrichs, J. & Ehlers, K. E. Urban industrial restructuring and minorityproblems in the US and Germany, in: M. Cross (Ed.) Ethnic Minorities and Industrial Change in Europe and North America (Cambridge, Cambridge University Press), 1992.

[35] Kearns, A. Response: from residential disadvantage to opportunity? Reflections on British and European policy and research, Housing Studies, 2002 (17): 145-150.

[36] Kitschelt H. New Social Movement in West Germany and the United States, in: Political Power and Social Theor, 5th ed. Maurice Zeitlan, Greenwich, CT: JAI, 1985.

[37] Luke T. Power and Resistance in Informationalizting Postindustrial Societies, in Screen of Power, Urbana: University of Illinois Press, 1989.

[38] Madanipour, A. Social Exclusion and space. In Madanipour, A., G. Cars., & J. Allen (Eds.) Social Exclusion in European Cities: Processes, Experiences and Responses. London: Tessica Kingsley, 1998.

[39] Machimura, T. Symbolic use of globalization in urban politics in Tokyo. International Journal of Urban and Regional Research, 1998 (22): 183-194.

[40] Marans, R. W., Spreckelmeyer, K. F. Evaluating Built Environments: A Behavioral Approach. University of Michigan, Institute for Social Research and the Architectural Research Laboratory, Ann Arbor, 1981.

[41] Marcuse, P. and R. Van Kempen, eds. Globalizing cities: a new spatial order [M]. Oxford: Blackwell, 2000.

[42] Marcuse, P. The erclave, the citadel, and the ghetto: what has changed in the post-Fordist U. S. city [J]. Urban Affairs Review, 1997, 33 (2): 228-264.

[43] Massey, D. S. & Denton, N. A. American Apartheid (Cambridge, Harvard University Press), 1993.

[44] Mingione E, Morlicchio E. New Forms of Urban Poverty in Italy: Risk Path Models in the North and South [J]. International Journalof Urban and Region Research, 1993, 17.

[45] Offe C. New Social Movement: Challenging the Boundaries of Institutional Politics. Social research, 1985, 52 (4): 817-68.

[46] Paddison, R City marketing, image reconstruction and urban regeneration. Urban Studies, 1993, 30 (2): 339-350.

[47] Peck, J and Tickell, A. Business goes local: dissecting the "business agenda" in Manchester. International Journal of Urban and Regional Research, 1995 (19): 55-78.

[48] Potter, J. J.. The impact of change upon rural-urban migrants in Turkey. Landscape Urban Planning, 1993 (26): 99-114.

[49] Sampson, R., Morenoff, J. & Gannon-Rowley, T. Assessing 'neighborhood effects': Social processes and new directions in research, Annual Review of Sociology, 2002 (28): 443-478.

[50] Sassen, S. The global city [M]. Princeton, NJ.: Princeton University Press, 1991.

[51] Schon D A. The Reflective Practitioner. New York: Basic Books, 1983.

[52] Short, J R and Kim, Y-H. Globalization and The City. Longman, Essex. 1999.

[53] Short, J R, Benton, M, Luce, W B and Walton, J. Reconstructing the image of an industrial city. Annals of the Association of American Geography 1993 (83): 207-224.

[54] Taylor N. Urban Planning Theory Since 1945. London: Sage Publications, 1998.

[55] Thomas R. Taking Charge: How Communities Are Planning Their Futures: A special report on long range strategic planning trends and innovations, 1998.

[56] Thomas, J. M. The cities left behind, Built Environment, 1991 (17): 218-231.

[57] Saich, T. Governance and politics of China. New York : Palgrave Macmillan, 2004.

[58] Truman A. Hartshorn. Interpreting The City [M]. John Wiley and Sons. Inc. Perception and Quality of Life Issue. 1992.

[59] Van Beckhoven. Social effectsofurbanrestructuring [J]. Housing Studies, 2003, 18 (6): 853-875.

[60] Weidemann, S. , Anderson, J. R.. A conceptual framework for residential satisfaction. in: Altman, I. , Werner, C. H. (Eds.), Home Environments. Plenum, New York, 1985.

[61] William T Dickens. Rebuilding Urban Labor Markets: What Communit y Development Can Accomplish. The Brookings Institution, unpublished manuscript, 1997.

[62] Wilson, W. J. The Truly Disadvantaged; The Inner City, the Underclass, and Public Policy (Chicago, University of Chicago Press), 1987.

[63] Yeung, Y M and Sung, Y W (eds) Shanghai: Transformation and Modernization under China's Open Door Policy. Hong Kong: The Chinese University Press, 1996.

[64] Young, C and Kaczmarek, S. Changing the perception of the post-socialist city: place promotion and imagery in Lodz, Poland. The Geographical Journal 1999 (165): 183-191.

致　谢

转眼毕业已经三年多，由于自己的懒惰，在2009年年底才着手将博士论文进行修订和整理后交与出版社，其实这一过程并不轻松，并且心怀忐忑，因为将面临读者的检验。幸好有诸多老师、前辈和家人的鼓励，才得以鼓起勇气和信心来完成这项工作。

首先要真诚地感谢我的导师王仲谷教授和耿毓修教授，毕业三年多，一直与他们保持联系，并不断地聆听教诲，他们的学者风范使我钦佩，没有他们的不断鼓励、督促和多方位的帮助，这本书的出版是不可能的。

非常幸运，通过对博士论文相关内容的整理，我申请到了三个基金，所以也应该感谢“国家自然科学基金（项目批准号：51008187）”、“上海大学创新基金（A.10-0113-08-401）”和“上海高校选拔培养优秀青年教师科研专项基金（SHU08079）”的资助，使得本书能够顺利出版，感谢中国建筑工业出版社杨虹编辑在出版过程中提供的帮助。

最后我要感谢我在上海的家人，感谢妻子陈祯的理解和支持，感谢岳父、岳母对我的鼓励和无微不至的照顾，感谢一直挂念我的远方的父母。

2010年11月11日